水产科学实验教材

浮游生物学与
生物饵料培养实验

梁　英　田传远　编著

中国海洋大学出版社
·青岛·

图书在版编目(CIP)数据

浮游生物学与生物饵料培养实验/梁英,田传远编著.
青岛:中国海洋大学出版社,2009.6
水产科学实验教材
ISBN 978-7-81125-328-3

Ⅰ.浮… Ⅱ.①梁…②田… Ⅲ.①浮游生物学—高等学
校—教材②饵料生物—养殖—实验—高等学校—教材
Ⅳ.Q179.1 S963.2-33

中国版本图书馆 CIP 数据核字(2009)第 090909 号

出版发行	中国海洋大学出版社			
社　　址	青岛市香港东路 23 号		**邮政编码**	266071
网　　址	http://www.ouc-press.com			
电子信箱	WJG60@126.com			
订购电话	0532—82032573(传真)			
责任编辑	魏建功		**电　　话**	0532—85902121
印　　制	淄博恒业印务有限公司			
版　　次	2009 年 7 月第 1 版			
印　　次	2009 年 7 月第 1 次印刷			
成品尺寸	170 mm×230 mm			
印　　张	9.5			
字　　数	176 千字			
定　　价	18.00 元			

水产科学实验教材编委会

主　　编　　温海深
副主编　　王昭萍　　唐衍力
编　　委　　温海深　　王昭萍　　唐衍力
　　　　　　张文兵　　曾晓起　　马　琳
　　　　　　于瑞海

三角褐指藻
Phaeodactylum tricornutum

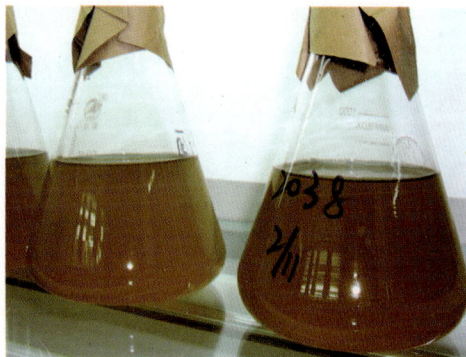

三角烧瓶培养三角褐指藻

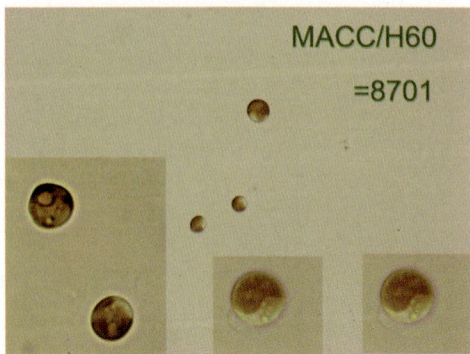

球等鞭金藻 *Isochrysis galbana* 8701

三角烧瓶培养球等鞭金藻 8701

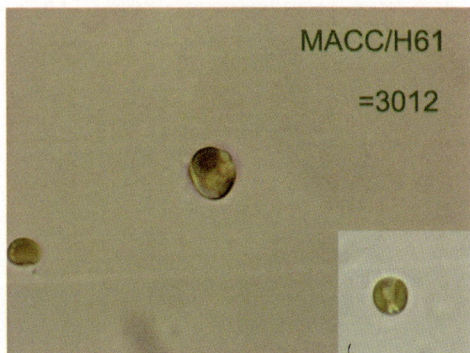

绿色巴夫藻 *Pavlova viridis*

三角烧瓶培养绿色巴夫藻

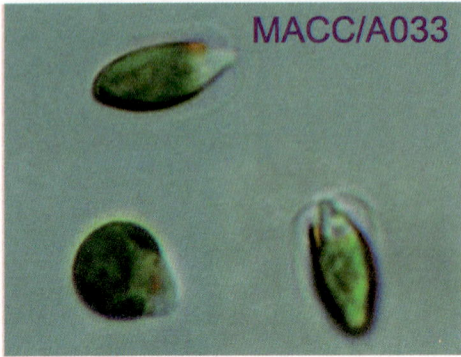

盐藻 *Dunaliella salina*

三角烧瓶培养盐藻

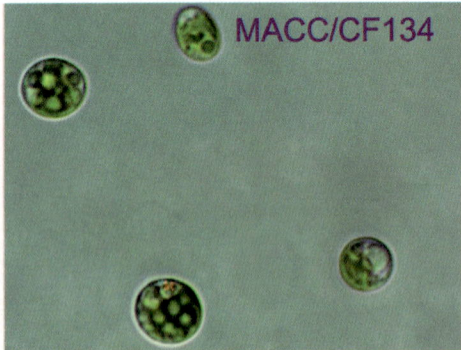

椭圆小球藻 *Chlorella ellipsoidea*

塔胞藻 *Pyramimonas* sp.

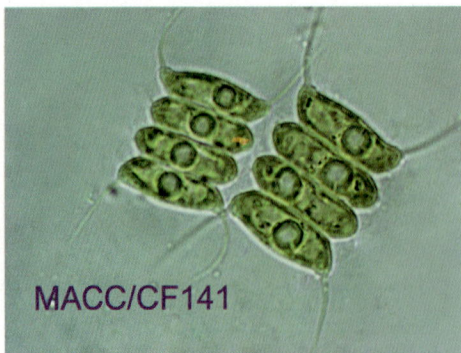

四尾栅藻 *Scenedesmus quadricauda*

筒柱藻 *Cylindrotheca* sp.

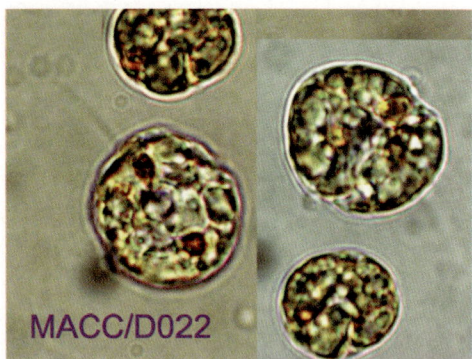

裸甲藻 *Gymnodinium* sp.

纤细裸藻 *Euglena gracilis*

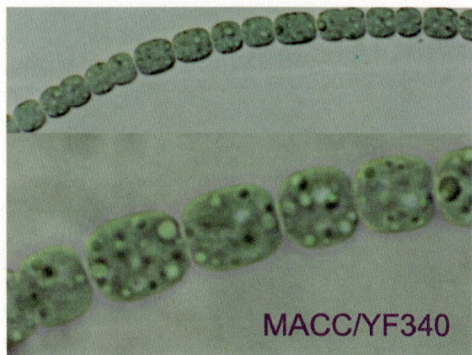

链状鱼腥藻 *Anabaena catenula*

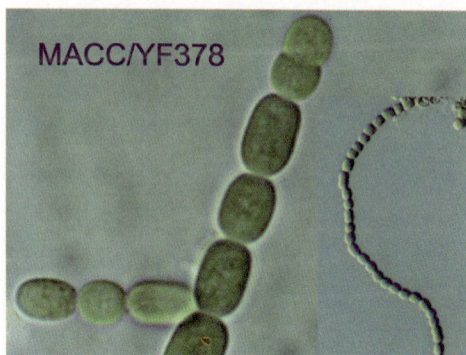

灰色念珠藻 *Nostoc muscorum*

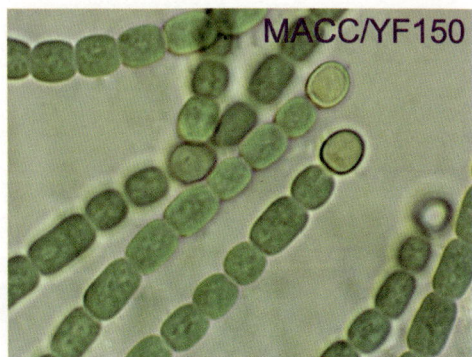

海绵状念珠藻 *Nostoc spongiaeforme*

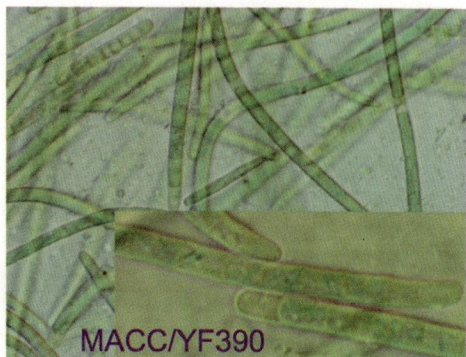

颤藻 *Oscillatoria lutea*

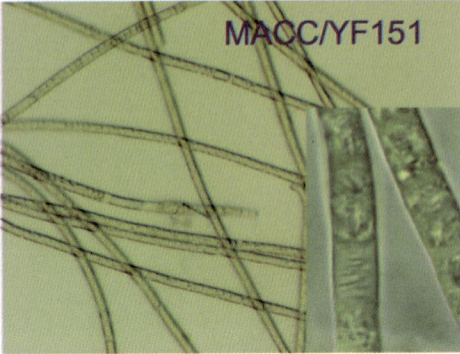
弱细颤藻 Oscillatoria tenuis

光生物反应器培养小球藻

塑料袋培养小球藻

中国海洋大学微藻种质库

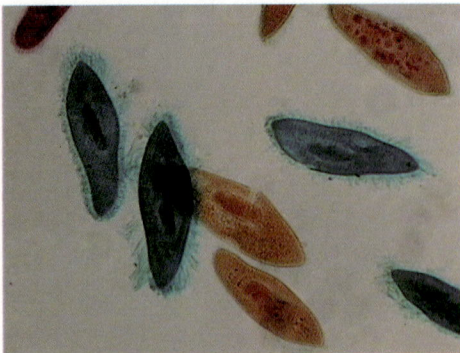
草履虫 Paramecium sp.

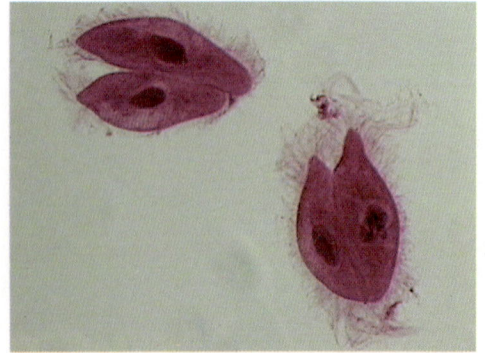
草履虫结合生殖

前　言

　　浮游生物学与生物饵料培养是实践性很强的学科,该学科的实验课是在课堂讲授理论知识的基础上,通过实验使学生掌握浮游生物学与生物饵料培养的基本操作技能、实验手段和研究方法,巩固课堂上所学的理论知识。通过实验课,培养学生严谨的科学作风和实事求是的工作态度,进一步提高学生的学习能力、动手能力和分析解决问题的能力,促进学生创新思维的形成,提高学生对科学研究的兴趣。

　　本书共分为五大部分,即概述、浮游生物学实验、生物饵料培养实验、研究型实验以及附录。概述主要介绍了浮游生物学与生物饵料培养实验课的目的和要求、实验课注意事项、实验报告的撰写、实验室规则和实验室急救常识,以及浮游生物标本的采集方法等。浮游生物学实验共 10 个,内容涉及硅藻、甲藻、金藻、绿藻、蓝藻、原生动物、浮游甲壳动物等常见浮游动、植物种类的形态结构观察以及浮游植物叶绿素含量测定、浮游生物采集和定量方法等。生物饵料培养实验共 11 个,内容涉及常见微藻培养种类的形态观察,微藻的定量方法,微藻的分离,光合细菌、微藻、轮虫等的培养技术,卤虫及卤虫卵的形态观察,卤虫卵孵化率的测定等。研究型实验介绍了研究型实验的基本程序,并给出了研究型实验的参考题目。附录收录了"光学显微镜的构造和使用"、"生物绘图法"、"载玻片和盖玻片的使用"、"玻璃器皿的洗涤及各种洗液的配制法"及"科技论文的结构",供读者查用。

　　本书既可作为水产养殖专业本科生的实验教材,又可作为水产养殖专业研究生、高等职业教育学生、成人教育学生、科技工作者、生产单位技术员的参考资料。本书也可供生物科学类专业参考。

　　由于编者水平所限,书中难免存在错误和不妥之处,恳请读者批评指正,以便进一步充实和完善。

编者

2008 年 12 月

目　次

第一部分　概　述

第二部分　浮游生物学实验

第三部分　　生物饵料培养实验

第四部分　研究型实验

第五部分　附　录

第一部分

概　　述

浮游生物学与生物饵料培养实验及实验室要求

一、实验课的目的和要求

（1）浮游生物学与生物饵料培养实验是在理论知识讲授的基础上，通过实验使学生掌握浮游生物学与生物饵料培养的基本操作技能，如简易制片的方法、生物绘图技术，以及显微镜、解剖镜、离心机、光照培养箱等常用仪器的使用方法。

（2）通过典型种类的观察，掌握浮游生物常见种类的鉴定、分类方法，掌握浮游生物的采集与定量方法等。

（3）通过典型生物饵料种类的培养观察，掌握当前光合细菌、微藻、轮虫、卤虫等主要生产种类的分离、培养、定量方法。

（4）通过实验，培养学生严谨的科学作风和实事求是的工作态度，培养学生善于动脑、动手和综合分析的能力。

二、实验课注意事项

（1）实验前应认真预习实验教材，明确实验目的、要求，了解实验内容和方法，熟悉操作环节，以提高实验效果。同时应复习有关理论课程内容，以便提高实验过程中的主动性和工作效率，进一步巩固有关理论知识。

（2）在实验过程中，应认真仔细地进行操作，观察实验中出现的各种现象，如实地加以记录，并对其原因和意义进行分析，培养严肃认真、一丝不苟的科学态度和工作作风。

（3）认真记录实验结果，按时完成实验报告。实验报告力求简明扼要、清晰正确，绘图要用实验报告纸，绘图要认真，不得草率和照抄。

（4）实验器材要摆放整齐，布局合理，便于操作。要保持室内卫生，随时清除污物。实验桌上不得摆放与实验无关的物品。爱护仪器和实验材料，注意节约使用实验材料。公用物品在使用后放回原处，以免影响他人使用。

（5）遵守实验秩序，保持室内安静，未经指导教师允许，不得擅自提前离开实验室。

（6）实验结束时，应将实验用具整理就绪，放回原处。所用实验用品必须擦洗干净。实验用具若有损坏和减少，应报告指导教师，认真填写损坏物品登记表。做好实验室清洁卫生工作。整理实验记录,认真完成实验报告,及时上交。

三、实验报告的撰写

实验报告的撰写是浮游生物学与生物饵料培养实验课的基本训练之一,应以科学态度,认真、严肃地对待,以便为今后的科研工作打下良好基础。

(1)实验结束后,均需根据实验指导教师的要求,每人写一份实验报告(必须自己独立完成,否则应重写),并及时交指导教师评阅。

(2)实验报告要文字简练、通顺,书写清楚、整洁,正确使用标点符号。绘图一律用铅笔,报告纸上的图不要过于拥挤,图的数量和位置应适当安排,布局要对称、协调。每张纸上所绘的图最好以同样的比例放大或缩小。线条要粗细均匀,打点要圆且分布均匀。图的下面要标注生物中文名和学名。

(3)实验报告的格式和内容:

1)注明姓名、专业、组别、日期。

2)实验序号和题目。

3)实验目的和要求。

4)实验方法:应根据指导教师的要求写,重复使用的方法可以简要说明。

5)实验结果:实验结果是实验报告的重要组成部分,应将实验过程中所观察和记录到的现象忠实地、正确地记录和说明。对于定量实验的实验结果部分,应根据实验课的要求将一定实验条件下获得的实验结果和数据进行整理、归纳、分析和对比,尽量总结成图表,如原始数据及其处理的表格、标准曲线等,同时针对实验结果进行必要说明和分析。

6)讨论与结论:讨论部分主要是根据所学到的理论知识,对实验结果进行科学的分析和解释,如实验的误差来源、实验方法的改进措施等,并判断实验结果是否达到预期,如果出现非预期实验结果,应分析其可能的原因。结论是从实验结果和讨论中归纳出的一般性判断,是这一实验所验证的基本概念、原理或理论的简要说明和总结,结论应该简明扼要。

四、实验室规则

(1)学生必须准时进入实验室,不得缺席、迟到、早退。实验期间不得借故外出,特殊情况应向指导教师请假。

(2)要保持实验室的安静和整洁,态度要严肃认真,在实验室不准高声谈笑,不准吸烟及随地吐痰,不准随地乱丢纸屑杂物。

(3)使用仪器设备时,必须严格遵守安全使用规则和操作规程,认真填写使用记录。实验中未经指导老师许可不准动用与本实验无关的仪器设备,不动用他组的仪器工具和材料,不能任意调换他人的显微镜或镜头等。

(4)必须严肃、认真地进行实验操作、观察实验结果,如实记录实验数据或画图,不得抄袭他人的实验记录或报告。

(5)学生在操作实验中要注意安全,听从教师和实验员的指导,使用易燃、易爆、有毒、带菌、腐蚀性物质等材料进行实验时,应严格按操作规程要求进行,污水及废弃液按指定地点倾倒,以防着火和避免污染,如发生事故要立即采取安全措施,并及时报告指导教师。

(6)爱护实验室内仪器设备、标本、模型、挂图等,未经指导教师同意不得擅自带出实验室。不熟悉仪器性能时,切勿随意动手。要节约水电、药品试剂和材料。凡损坏仪器、标本、模型者,应立即报告指导教师,查明原因,并视情节赔偿。

(7)实验结束时,学生应认真整理好室内仪器设备,清点好各类用具,处理好用过的标本或杂物等,做好清洁整理工作。关好门、窗、水、电,经指导教师或实验员检查合格方可离开实验室。

(8)实验完毕,应按实验要求写好实验报告交给指导教师。

五、实验室急救常识

(1)实验室一旦发生火灾,切不可惊慌,应保持镇静。首先立即切断室内一切火源和电源,然后根据具体情况积极正确地进行抢救和灭火。

(2)如果有人触电时应立即关闭电源或用绝缘的木棍、竹竿等用具使触电者与电源脱离接触。急救时必须采取防止触电的安全措施,不可用手直接接触触电者。

(3)受玻璃割伤及其他机械损伤时,首先检查伤口内有无玻璃或金属碎片,然后用硼酸水洗净,再涂擦碘酒或红汞水,必要时用纱布包扎。若伤口较大或过深且大量出血,应迅速在伤口的上部和下部扎紧,立即到医院诊治。

(4)强酸和强碱引起的烧伤,先用大量自来水冲洗,再用5%硼酸溶液或2%乙酸溶液擦洗。

浮游生物标本的采集方法与观察

一、采集浮游生物的方法和步骤

(1)采集浮游植物用 25 号浮游生物网,采集浮游动物用 13 号浮游生物网
(图 1-1,图 1-2)。

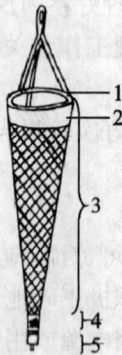

1.网口部;2.头锥部;3.过滤部;4.网底部;5.网底管

图 1-1　浮游生物网基本构造

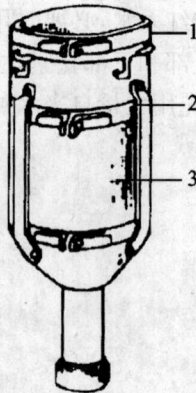

1.连接网底部的压圈;2.固定筛绢套的压圈;3.筛绢套

图 1-2　网底管

（2）首先将浮游生物网系牢在竹竿顶端，在采集标本前，将浮游生物网浸入所采集的水体中，将网洗净，然后提出水面，关闭网头旋钮。

（3）采集时将浮游生物网垂直放入水中，排出网内空气。然后将网口与水面垂直，使网身与水面平行，以∞形在水中匀速来回拖动浮游生物网，拖的次数视水中标本多寡而定。

（4）将所采的浮游生物标本分装两个样品瓶，一瓶用甲醛液（100 mL 水样加 4 mL 甲醛）或碘液（1 000 mL 水样加 15 mL 碘液）固定；另一瓶保持新鲜，以待镜检。

（5）在样品瓶外贴上标签，记录采集地点，当时的天气状况，采集的时间、水温、透明度等。

二、观察标本注意事项

（1）浮游生物标本种类繁多，需按其形态、结构和大小等特点，分别使用显微镜、解剖镜、放大镜或肉眼进行观察、鉴定。

（2）在显微镜下观察标本时，应注意生物标本与杂物、气泡等的区别。

（3）浮游生物标本除含有杂物外，一般为多种生物组成的混合标本，应集中精力观察实验课所要求的内容。

（4）在吸取浮游生物浸制固定标本时，不要来回挤压吸管的橡皮头，以免造成浸液上、下混合，致使标本密度降低。要吸取适量的下部沉淀物，置于载玻片上，盖上盖玻片后，再在显微镜下观察。

（5）用显微镜观察标本时，应一边观察一边用解剖针轻轻推动或拨动盖玻片，以观察标本不同面（特别是硅藻标本），提高识别标本的能力和准确性。

（6）有可能的话，应观察活标本，特别要注意易收缩的种类，收缩后的个体形态与活标本的差异，并能识别它们。

三、浮游生物标本的镜检方法

观察浮游生物标本，镜检方法如下：

1. 制片

（1）在制片前先将载玻片、盖玻片洗、擦干净，然后用吸管吸取器皿中的标本液，滴 1 滴于载玻片上，用镊子将盖破片沿着水珠的边缘慢慢放下。若发现标本液溢出或盖玻片内有气泡，应将标本液吸回到器皿中，擦净载玻片和盖玻片，重新制片，直至水滴恰好在盖玻片内，并无气泡出现为止。

观察丝状藻类时，先用镊子取 3～5 根藻丝放置于载玻片上，用解剖针将藻丝拨弄均匀，然后吸 1 滴水滴到藻丝上，盖上盖玻片即可观察。

（2）使用显微镜之前，首先检查显微镜的各机械部分和镜头是否有问题，如发现有问题立即向指导教师报告，及时进行处理。

（3）显微镜使用后必须按显微镜的保养方法把它擦干净。

2.镜检步骤

将做好的片子置于载物台上，先在低倍镜下观察，后逐渐转至中倍和高倍镜下观察。在低倍镜下可观察到种类的大小轮廓、运动情况。如是运动藻类，则在中倍镜下从盖玻片边缘加进半滴碘液将其杀死，再转到高倍镜下详细观察固定后的细胞形态特征。

注意：在用高倍镜头观察时，只需用微调旋钮，以免镜头压坏盖玻片而粘水，引起镜头发霉以至于影响使用效果和寿命。

对几种典型结构和部位的观察，可按下述方法：

（1）多角度观察：如对硅藻细胞带面、壳面的观察，可用解剖针轻轻推动或拨动盖玻片，让其翻动，以观察标本不同面。其他藻类可根据其翻动与否和翻动后的状态判断其侧面厚薄、形状以及细胞的厚度。

（2）鞭毛：最好先取活体标本在低倍镜下观察其活动状况。凡运动比较迅速（旋转、游动）的藻类（注意应与缓慢摇摆前进的硅藻和颤动的颤藻严格区分开来）均为鞭毛藻类，活的个体鞭毛无色，接近透明、明亮，转换高倍镜并将聚光镜调到最上位，缩小光圈可以看得比较清楚。如果加上碘液固定，鞭毛可以衬托出来，更为清晰。活体观察时，一条鞭毛可能不在同一光学平面断面，必须细心转动微调以观全貌。

（3）细胞核：通常细胞用碘液固定后，核被染成橙黄色，对碘反应不敏感的可用苏木精染色法染色。

（4）色素体：色素体在原生质体中存在的特点是有固定的形状，并呈现一定的颜色。要看清颜色必须用活体标本，否则只能从形状上加以区分。对于不同形状色素体的观察，有一种简易可行的经验方法，即待临时装片水分蒸发后，用手指按住盖玻片揉搓，使细胞破碎，色素体可自然脱落出，呈现于视野中。

（5）蛋白核：多数绿藻色素体内含有蛋白核，蛋白核的外面包有淀粉鞘，里面是蛋白质体。观察蛋白核时，只要加上少许碘液令其变为蓝黑色即可看清。

（6）淀粉：有蛋白核的藻类，如绿藻，淀粉多集中分布在蛋白核的周围，形成淀粉鞘，碘反应清晰；无蛋白核的藻类（如某些隐藻、绿藻），淀粉粒分散于色素体的不同部位。无论位置和形状如何，遇碘呈蓝黑色或紫黑色者，即为淀粉。

（7）蓝藻淀粉：蓝藻门所具有的一种类淀粉物质，也为淀粉的同分异构物。呈颗粒状，比较均匀地分布于蓝藻细胞周边的色素区，遇碘呈淡紫色或淡褐色。

（8）白糖素：金藻及少数黄藻所具有的一种糖类，是一种白色、光亮不透明、大小不定的球体，无碘反应，多数分布在细胞后端。

第二部分
浮游生物学实验

实验一 硅藻门中心纲的形态观察

一、实验目的

观察并掌握硅藻门中心纲的主要形态特征,识别常见种类。

二、实验材料

野外采集硅藻标本、室内培养样品、硅藻装片。

三、实验仪器和用品

显微镜、载玻片、盖玻片、尖头镊子、解剖针、擦镜纸、纱布、胶头滴管、烧杯、浮游生物网(25号)、样品瓶、碘液、甲醛等。

四、实验方法与步骤

用胶头滴管吸取一滴样品,按照"浮游生物标本的镜检方法",在显微镜下观察硅藻的细胞形态、壳面构造、花纹等,然后对照分类检索表鉴定所观察到的种类。

五、实验内容

硅藻门中心纲常见种类形态观察与识别。

1. 硅藻门的主要特征

藻体多数为单细胞,也有多种群体。具硅质细胞壁,由上、下两壳套合而成,硅质壁上具有排列规则的花纹。色素为叶绿素 a、叶绿素 c、β-胡萝卜素、硅藻黄素等,藻体呈黄绿色或黄褐色。贮存物质主要为油滴。繁殖方式有营养繁殖、复大孢子、小孢子和休眠孢子等方式。

硅藻门中心纲的主要特征:

藻体单细胞或链状群体。细胞形状有圆盘状、圆柱状、三角状、多角状。壳面花纹辐射对称排列。没有壳缝,不能行动。色素体盘状,小而数目多。细胞外常有突起和刺毛。中心硅藻纲包括3个目:圆筛藻目、根管藻目、盒形藻目,大多营海洋浮游生活,淡水种类很少。

2. 常见种类

(1)直链藻属 *Melosira*：分类地位为硅藻门中心硅藻纲圆筛藻目直链藻科。

藻体细胞球形或圆柱形，靠壳面相连成链状或念珠状群体。细胞壁一般较厚（硅质化程度较强）。壳面圆形，有细点纹或孔纹。有的种类相连带上有一线形的环状缢缩，称环沟，又称横沟。两细胞之间的沟状缢入部称假环沟。通常见到的为壳环面，壳环带无纹或有较粗的点纹或孔纹。注意观察壳环带上的环沟和假环沟。

常见种类有具槽直链藻、变异直链藻、颗粒直链藻等（图 2-1-1）。

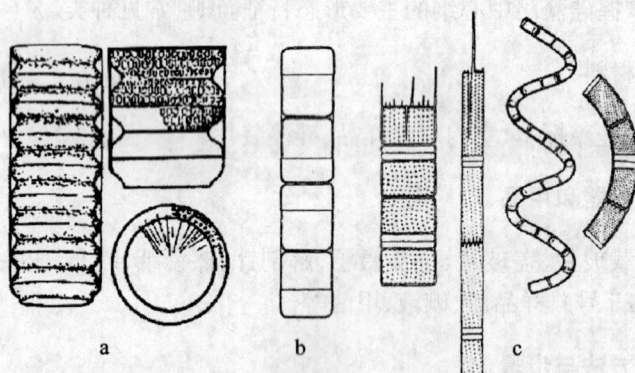

a.具槽直链藻 *M. sulcata*；b.变异直链藻 *M. varians*；c.颗粒直链藻 *M. granulata*

图 2-1-1　直链藻属 *Melosira*（自 Hustedt,1927；Lebour,1930）

(2)圆筛藻属 *Coscinodiscus*：分类地位为硅藻门中心硅藻纲圆筛藻目圆筛藻科。

藻体细胞一般圆盘状，壳面圆形，壳面边缘常有小刺。孔纹一般为六角形，排列成辐射型、束型或线型等。色素体小而多，粒状或小片状。本属为最常见的海洋浮游硅藻之一。为海产仔幼鱼、毛虾、贝类的主要饵料。注意一边观察一边用解剖针轻轻推动或拨动盖玻片，以观察标本不同面。

常见种类有辐射圆筛藻（图 2-1-2）、线性圆筛藻等。

(3)小环藻属 *Cyclotella*：分类地位为硅藻门中心硅藻纲圆筛藻目圆筛藻科。

藻体单细胞或 2～3 个细胞相连。细胞圆盘状，壳面花纹分外围和中央区，外围有向中心深入的肋纹。肋纹有宽有窄，少数呈点条状。中央区平滑无纹或具向心排列的不同花纹。壳面平直或有波状起伏，或中央部分向外鼓起。色素体小盘状，多个。

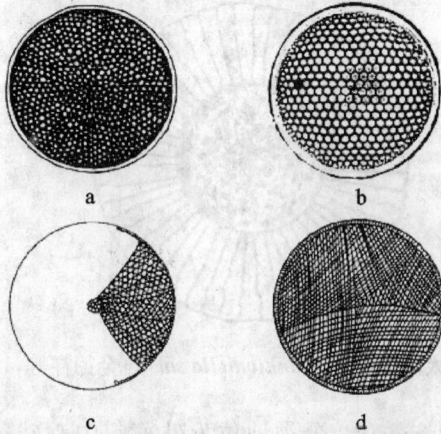

a. 辐射圆筛藻 C. radiatus；b. 小眼圆筛藻 C. oculatus；

c. 弓束圆筛藻 C. curvatulus；d. 偏心圆筛藻 C. excentricus

图 2-1-2 圆筛藻属 Coscinodiscus（自各作者）

常见种类为条纹小环藻（图 2-1-3），多为海产，在半咸水河口及高盐水域也有分布。

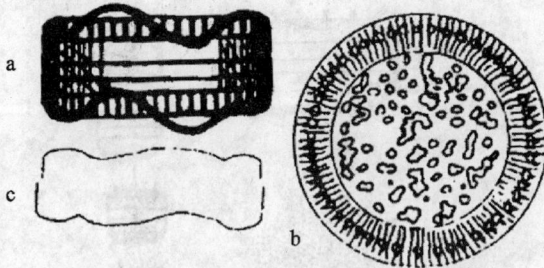

a,c. 壳环面观；b. 壳面观

图 2-1-3 条纹小环藻 Cyclotella striata（自胡鸿钧等,1980）

（4）漂流藻属 Planktoniella：分类地位为硅藻门中心硅藻纲圆筛藻目圆筛藻科。

藻体单细胞,细胞圆盘状。壳环面四周有薄而透明的翼状突,翼上有许多射出肋,有支持翼状突及有利于漂浮的作用。色素体多而小。本属仅 2 种,我国仅有 1 种：太阳漂流藻（图 2-1-4）,分布于我国南海、东海等,为暖水性种。

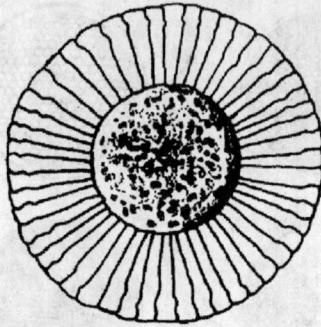

图 2-1-4　太阳漂流藻 *Planktoniella sol*（自金德祥等，1965）

(5)海链藻属 *Thalassiosira*：分类地位为硅藻门中心硅藻纲圆筛藻目海链藻科。

藻体细胞圆盘状、短柱状，以一条胶质线相连成串，或群体包埋于胶质块内。营群体生活，极少数单独生活。壳面点纹，壳缘常有小刺。间生带明显，呈环纹状或领纹状。本属为近海浮游种类。

常见种类为诺氏海链藻（图 2-1-5），为我国北方沿海常见种类。

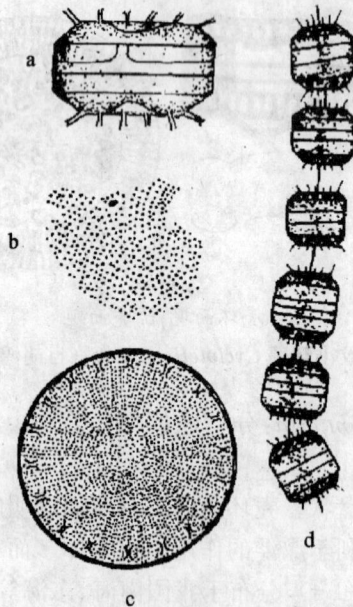

a.环面观；b.壳面中央花纹；c.壳面观；d.链状群体

图 2-1-5　诺氏海链藻 *Thalassiosira nordenskioldi*（自金德祥等，1965）

　　(6)骨条藻属 *Skeletonema*：分类地位为硅藻门中心硅藻纲圆筛藻目骨条藻科。

　　藻体细胞为透镜状或圆柱状，直径为 $6\sim7\ \mu m$，壳面圆而鼓起，着生一圈细长的刺，与相邻细胞的对应刺组成长链。刺的数目为 $8\sim30$ 条。细胞间隙长短不一，但比细胞本身长。壳面点纹极微细，不易见到。

　　本属在我国只发现 1 种，即中肋骨条藻(图 2-1-6)，广温广盐种类，是缢蛏、牡蛎等的优良饵料。

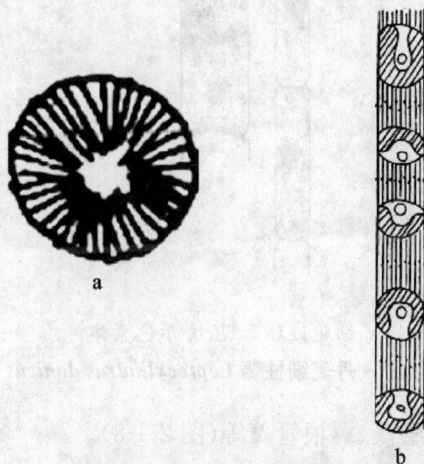

a. 壳面观；b. 链状群体

图 2-1-6　中肋骨条藻 *Skeletonema costatum*

　　(7)细柱藻属 *Leptocylindrus*：分类地位为硅藻门中心硅藻纲圆筛藻目细柱藻科。

　　藻体细胞为长圆柱状，以壳面紧密相连，构成细长的链状群体。壳面无刺无突起。细胞壁薄，无花纹。色素体 2 个或多个，呈颗粒状或圆盘状。

　　常见种类为丹麦细柱藻(图 2-1-7)，细胞直径为 $8\sim12\ \mu m$，细胞长为 $31\sim130\ \mu m$，长为宽的 $2\sim12$ 倍。色素体颗粒状，$6\sim33$ 个。本种为沿岸种，在我国近海常见。

　　(8)根管藻属 *Rhizosolenia*：分类地位为硅藻门中心硅藻纲根管藻目根管藻科。

　　藻体单细胞或组成链状群体。细胞长圆柱状。壳面椭圆形至圆形，扁平，或略凸，或十分伸长呈圆锥状突起。末端具刺，刺常伸入相邻细胞而连成群体。细胞壁薄，有排列规则的点纹。壳环面长。节间带呈环形、半环形或鳞片状。本属种类多,分布广,多数为暖海性浮游硅藻。

a. 细胞链环面观;b. 示色素体

图 2-1-7　丹麦细柱藻 *Leptocylindrus danicus*

常见种类有斯托根管藻、翼根管藻等(图 2-1-8)。

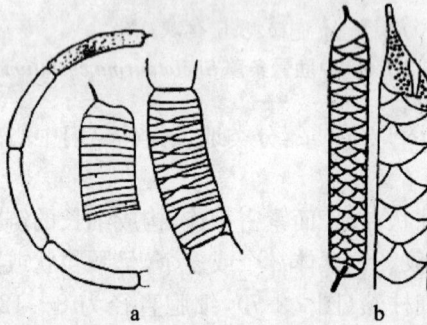

a. 斯托根管藻 *R. stolterfothii*;b. 翼根管藻 *R. alata*

图 2-1-8　根管藻属 *Rhizosolenia*(自 Hustedt 等,1927)

(9)角毛藻属 *Chaetoceros*:分类地位为硅藻门中心硅藻纲盒形藻目角毛藻科。

藻体细胞短圆柱形,壳面大都椭圆形。大多群体生活,少数单细胞。角毛从细胞四角生出,比细胞长,相互交叉成链状群体。色素体的数目、形状、大小、位置随种类而不同,是分类的重要依据。本属种类多,分布广,是最常见的浮游硅藻之一。其中牟氏角毛藻、纤细角毛藻可大规模培养,是水产动物的优质饵料。

常见种类有牟氏角毛藻、洛氏角毛藻等(图 2-1-9～图 2-1-13)。

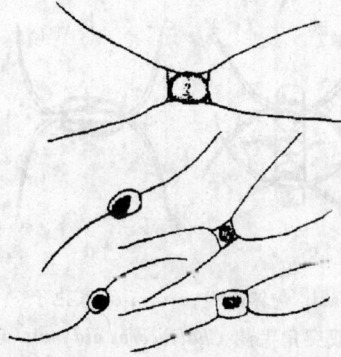

图 2-1-9 牟氏角毛藻 *Chaetoceros muelleri*（自金德祥等,1965）

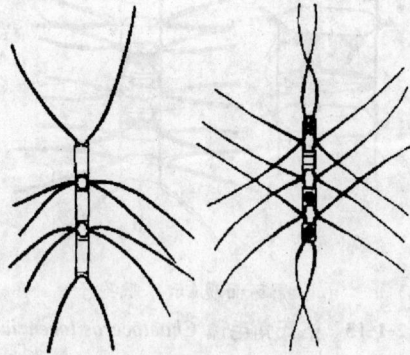

图 2-1-10 垂缘角毛藻 *Chaetoceros laciniosus*

图 2-1-11 旋链角毛藻 *Chaetoceros curvisetus*

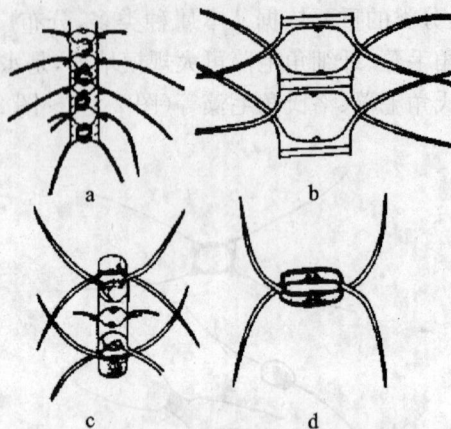

a,b. 壳环面观;c,d. 示休眠孢子

图 2-1-12 双突角毛藻 *Chaetoceros didymus*(自各作者)

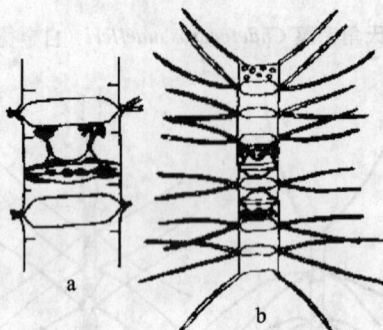

a,b. 壳环面观(示休眠孢子)

图 2-1-13 洛氏角毛藻 *Chaetoceros lorenzianus*

(10)盒形藻属 *Biddulphia*:分类地位为硅藻门中心硅藻纲盒形藻目盒形藻科。

藻体细胞形状像一袋面粉或近圆柱形,壳面一般呈椭圆形,两端有突起。由壳面突起分泌的胶质或由突起本身连接成链状群体。

常见种类有中华盒形藻、活动盒形藻等(图 2-1-14)。

(11)弯角藻属 *Eucampia*:分类地位为硅藻门中心硅藻纲盒形藻目弯角藻科。

藻体细胞壳面狭扁,椭圆形。在长轴的两极各有一个突起,借此与相邻细胞连接成链状群体。壳面有细点纹。

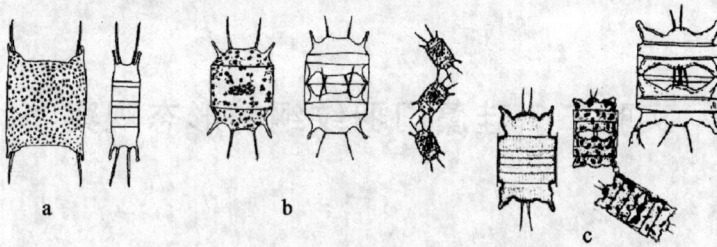

a. 中华盒形藻 *B. sinensis*；b. 活动盒形藻 *B. mobiliensis*；c. 长耳盒形藻 *B. aurita*

图 2-1-14　盒形藻属 *Biddulphia*（自 Hustedt,1927；Lebour 等,1930）

常见种类有浮动弯角藻（图 2-1-15），为沿岸广温性种类,分布很广。

图 2-1-15　浮动弯角藻 *Eucampia zoodiacus*（自 Hustedt 等,1927；金德祥等,1965）

六、作业

(1)认识硅藻门中心硅藻纲常见的种类。

(2)按教师指定种类绘图。

实验二 硅藻门羽纹纲的形态观察

一、实验目的

观察并掌握硅藻门羽纹纲的主要形态特征,识别常见种类。

二、实验材料

野外采集硅藻标本、室内培养样品、硅藻装片。

三、实验仪器和用品

显微镜、载玻片、盖玻片、尖头镊子、解剖针、擦镜纸、纱布、胶头滴管、烧杯、浮游生物网(25 号)、样品瓶、碘液、甲醛等。

四、实验方法与步骤

用胶头滴管吸取一滴样品,按照"浮游生物标本的镜检方法",在显微镜下观察硅藻的细胞形态、壳面构造、花纹等,然后对照分类检索表鉴定所观察到的种类。

五、实验内容

硅藻门羽纹纲常见种类形态观察与识别。

1. 硅藻门羽纹纲的主要特征

藻体细胞基本为长棒状至椭球状。壳面大多为舟形或针形。花纹一般左右对称。许多种有壳缝,能运动。色素体常为片状,较大,1~2 个。羽纹硅藻纲大多分布于淡水中,沿海种类主要营底栖生活,少数营真正的海洋浮游生活。

2. 常见种类

(1)星杆藻属 *Asterionella*:分类地位为硅藻门羽纹硅藻纲无壳缝目脆杆藻科。

藻体细胞呈棒状,两端异形,通常一端扩大,细胞以一端连成星状、螺旋状等群体。假壳缝不明显。色素体多个,呈板状或颗粒状。浮游种类,海、淡水均有分布。

常见种类有日本星杆藻、美丽星杆藻等(图 2-2-1)。

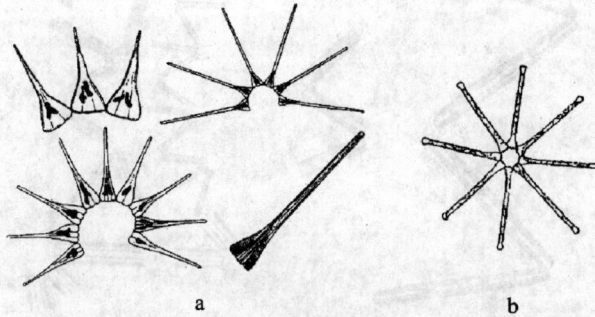

a. 日本星杆藻 A. japonica；b. 美丽星杆藻 A. formosa
图 2-2-1 星杆藻属 Asterionella(自各作者)

(2)海毛藻属 Thalassiothrix：分类地位为硅藻门羽纹硅藻纲无壳缝目脆杆藻科。

藻体细胞棒状，两端形状不同。单细胞或以胶质柄相连成锯齿状或星状群体。壳缘有小刺。无假壳缝、间生带和隔片。色素体多个，颗粒状。

常见种类有佛氏海毛藻、长海毛藻等(图 2-2-2)。

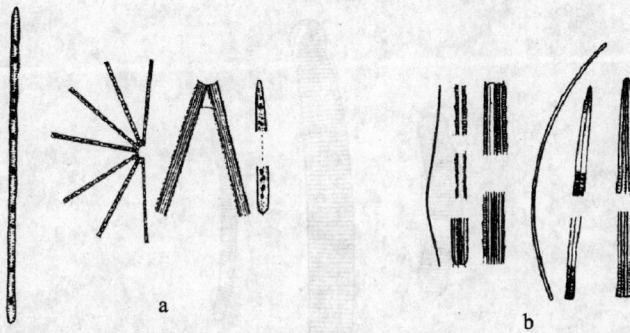

a. 佛氏海毛藻 T. frauenfeldii；b. 长海毛藻 T. longissima
图 2-2-2 海毛藻属 Thalassiothrix(自 Hustedt 等，1927；金德祥等，1965)

(3)海线藻属 Thalassionema：分类地位为硅藻门羽纹硅藻纲无壳缝目脆杆藻科。

藻体细胞棒状，壳面两端圆形，等大。细胞以一端相连成锯齿链状群体。本属仅菱形海线藻(图 2-2-3)，分布广，为世界种。在我国沿岸常同佛氏海毛藻一起出现。

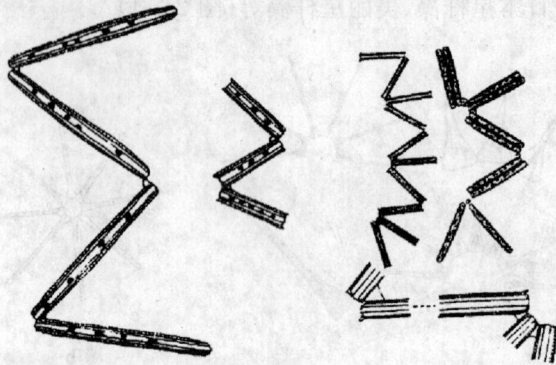

图 2-2-3 菱形海线藻 *Thalassionema nitzschioides*（自 Hustedt 等,1927；金德祥等,1965）

(4)短壳缝藻属 *Eunoria*：分类地位为硅藻门羽纹硅藻纲短壳缝目短壳缝科。

藻体壳面两端均具短壳缝。色素体 2 个,通常大型片状。壳面弓形,背缘凸出,腹缘平直或凹入。两端各有 1 个明显的极节,无中央节。多生长于软水池塘、水沟中,营浮游生活,或附着于其他物体上。

常见种类有弧形短缝藻、蓖形短缝藻、月形短缝藻(图 2-2-4)。

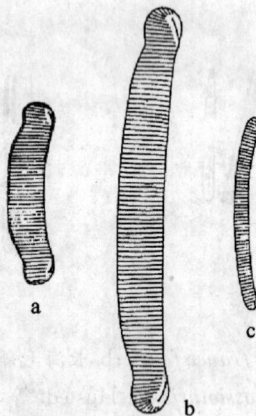

a.弧形短缝藻 *E. arcus*；b.蓖形短缝藻 *E. pectinalis*；c.月形短缝藻 *E. lunatis*
图 2-2-4 短壳缝藻属 *Eunoria*（自朱蕙忠等,1993）

(5)卵形藻属 *Cocconeis*：分类地位为硅藻门羽纹硅藻纲单壳缝目曲壳藻科。

藻体单细胞,扁平,壳面宽卵形、椭圆形或近圆形。上壳具中轴区,下壳具壳缝和中央节。点纹细小,不具胶质柄。分布于海水或淡水中,多营附着生活,浮游种类极少。

常见种类有盾形卵形藻、透明卵形藻、有柄卵形藻等(图 2-2-5)。

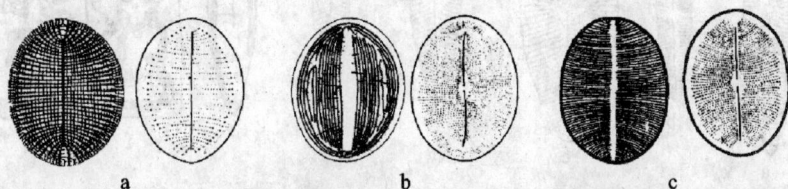

a. 盾形卵形藻 C. scutellum;b. 透明卵形藻 C. pellucida;c. 有柄卵形藻 C. pediculus

图 2-2-5　卵形藻属 Cocconeis(自 Hustedt 等,1927)

(6)曲壳藻属 Achnanthes:分类地位为硅藻门羽纹硅藻纲单壳缝目曲壳藻科。

藻体单细胞,单独生活或相连成链或以胶质柄附着在其他物体上生活。上壳面只有拟壳缝,下壳面具壳缝和极节,沿着壳面的纵轴弯曲。

常见种类有短柄曲壳藻、长柄曲壳藻、优美曲壳藻等(图 2-2-6)。

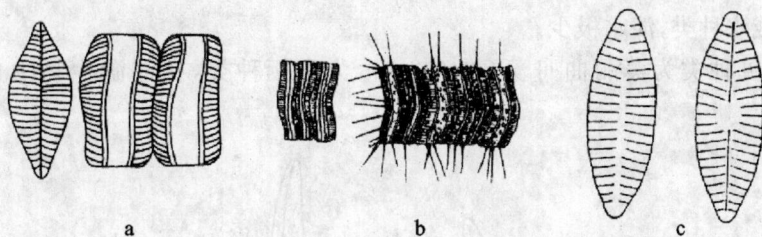

a. 短柄曲壳藻 A. breuipes;b. 长柄曲壳藻 A. longipes.;c. 优美曲壳藻 A. delicatula

图 2-2-6　曲壳藻属 Achnanthes(自 Lebour 等,1930)

(7)舟形藻属 Navicula:分类地位为硅藻门羽纹硅藻纲双壳缝目舟形藻科。

舟形藻属是硅藻中最大的属,种类极多。细胞上、下壳面均具壳缝。细胞壳面两端及两侧均对称。壳面线形、披针形、椭圆形。壳面具横线纹、布纹等。中轴区狭窄,壳缝发达,具中央节和极节。色素体片状,多为 2 块。

常见种类有缘花舟形藻、扁圆舟形藻、绿舟形藻、膜状舟形藻等(图 2-2-7)。

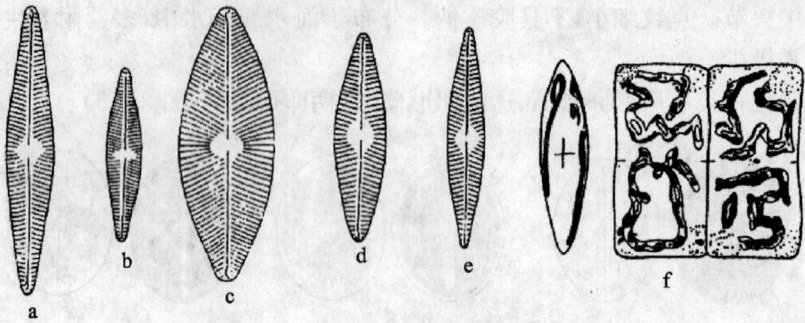

a. 缘花舟形藻 *N. radiosa*；b. 隐头舟形藻 *N. cryptocephala*；

c. 扁圆舟形藻 *N. placentula*；d. 绿舟形藻 *N. viridula*；

e. 喙头舟形藻 *N. rhynchocephala*；f. 膜状舟形藻 *N. membranacea*

图 2-2-7　舟形藻属 *Navicula*（自各作者）

(8)曲舟藻属 *Pleurosigma*：分类地位为硅藻门羽纹硅藻纲双壳缝目舟形藻科。

壳面 S 形，壳缝也呈 S 形，在中线上或偏在一侧。点条纹斜列或横列。中央节小而圆。带面狭，有时呈弓形或扭转或中部收缩。色素体 2 个，带状。为海水、半咸水种类，淡水极少。

常见种类为美丽曲舟藻（图 2-2-8），为底栖种类，在浮游生物中也有出现。

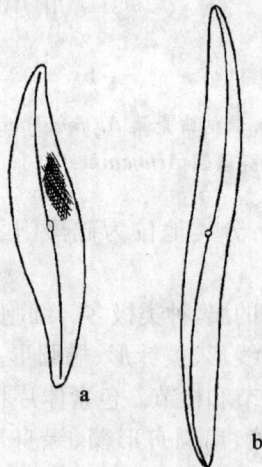

a. 相似曲舟藻 *P. affine*；b. 美丽曲舟藻 *P. formosum*

图 2-2-8　曲舟藻属 *Pleurosigma*（自金德祥等，1965）

（9）菱形藻属 *Nitzschia*：分类地位为硅藻门羽纹硅藻纲管壳缝目菱形藻科。

藻体细胞梭状、舟状等，侧面菱形。壳面直或呈 S 形、线形、椭圆形，具横线纹或横点纹。壳缘具管壳缝。色素体一般 2 个。种类多，分布广。

常见种类有尖刺菱形藻、奇异菱形藻、新月菱形藻等（图 2-2-9）。

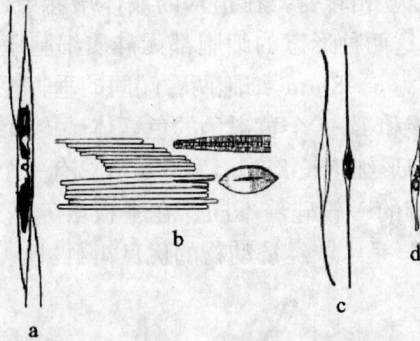

a. 尖刺菱形藻 *N. pungens*；b. 奇异菱形藻 *N. paradoxa*；

c. 长菱形藻 *N. longiasima*；d. 新月菱形藻 *N. closterium*

图 2-2-9 菱形藻属 *Nitzschia*（自各作者）

（10）筒柱藻属 *Cylindrotheca*：分类地位为硅藻门羽纹硅藻纲管壳缝目菱形藻科。

藻体细胞两端延长，端面圆形，呈嘴状或头状。色素体 2 个至多个，位于细胞主体部。底栖硅藻，个体较大。

常见种类为新月筒柱藻（图 2-2-10）。

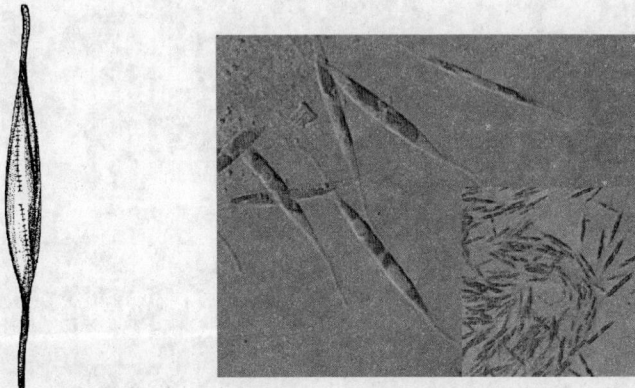

图 2-2-10 新月筒柱藻 *Cylindrotheca closterium*

(11)褐指藻属 *Phaeodactylum*：分类地位为硅藻门羽纹硅藻纲褐指藻目褐指藻科。

常见种类为三角褐指藻 *Phaeodactylum tricornutum* Bohlin(图 2-2-11)。

三角褐指藻有卵形、梭形、三出放射形三种形态的细胞。这三种形态的细胞在不同培养环境下可以互相转变。在正常的液体培养条件下，常见的是三出放射形细胞和梭形细胞，这两种形态的细胞都无硅质细胞壁。三出放射形态的细胞有三个"臂"，臂长皆为 6～8 μm，细胞两臂端间的垂直距离为 10～18 μm。细胞中心部分有一细胞核和 1～3 个黄褐色的色素体。梭形细胞长约 20 μm，有两个略钝而弯曲的臂。卵形细胞长 8 μm，宽 3 μm，只有一个硅质壳面，无壳环带，和具有双壳面和壳环带的一般硅藻不同。在平板培养基上培养可出现卵形细胞。该藻目前大量培养，是水产经济动物的优良饵料。

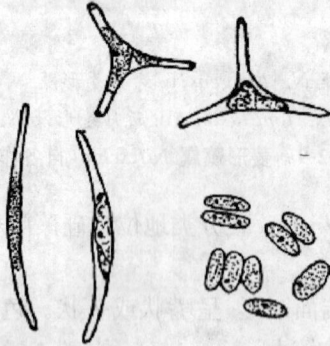

图 2-2-11　三角褐指藻 *Phaeodactylum tricornutum*（自金德祥等，1965）

六、作业

(1)认识硅藻门羽纹硅藻纲的常见种类。

(2)按教师指定种类绘图。

实验三　甲藻门、金藻门、隐藻门的形态观察

一、实验目的

观察并掌握甲藻门、金藻门、隐藻门的主要形态结构,识别常见种类。

二、实验材料

野外采集标本、室内培养样品、装片。

三、实验仪器和用品

显微镜、载玻片、盖玻片、尖头镊子、解剖针、擦镜纸、纱布、胶头滴管、烧杯、浮游生物网(25号)、样品瓶、碘液、甲醛等。

四、实验方法与步骤

用胶头滴管吸取一滴样品,按照"浮游生物标本的镜检方法",在显微镜下观察甲藻门、金藻门、隐藻门的细胞形态,然后对照分类检索表鉴定所观察到的种类。

五、实验内容

甲藻门、金藻门、隐藻门的常见种类形态观察与识别。

(一)甲藻门的主要特征及常见种类

1. 甲藻门的主要特征

甲藻门物种大多数为单细胞生活,少数为群体、丝状体。细胞有背腹之分,背腹扁平或左右侧扁。细胞前后端有的具角状突起。具2条鞭毛,可以运动,通常被称为双鞭藻。

2. 常见种类

(1)原甲藻属 *Prorocentrum*:分类地位为甲藻门甲藻纲纵裂甲藻亚纲原甲藻目原甲藻科。

藻体细胞卵形或略似心形,左右侧扁。鞭毛2条,自细胞前端两半壳之间伸出。鞭毛孔的旁边有一个齿状突起(顶刺)。壳面上除纵裂线两侧外,布满孔状

纹。鞭毛基部有一个细胞核或 $1\sim2$ 个液泡。色素体 2 个,片状侧生或颗粒状。

常见种类有海洋原甲藻、利马原甲藻、微小原甲藻、反曲原甲藻等(图 2-3-1)。

1)海洋原甲藻 *Prorocentrum micans*:藻体侧扁,呈瓜子状。前圆后尖,藻体中部最宽。体长为 $42\sim70~\mu m$,宽为 $22\sim50~\mu m$,顶刺长为 $6\sim8~\mu m$。世界性种。广泛分布于浅海、大洋和河口。是牡蛎、幼鱼的饵料。大量繁殖可引起赤潮。大量繁殖时有发光现象。

2)利马原甲藻 *Prorocentrum lima*:藻体呈倒卵形,中后部最宽。体长为 $42\sim45~\mu m$,宽为 $25\sim30~\mu m$。前端有 V 形鞭毛孔,无顶刺。广泛分布于热带海域,在我国海南沿海有分布。可产生腹泻性贝毒。

3)微小原甲藻 *Prorocentrum minimum*:藻体变形,一般壳面呈心形或卵形。顶刺短小。藻体近前端最宽,后端细圆。体长为 $15\sim23~\mu m$,宽为 $13\sim17~\mu m$,顶刺长约 $1~\mu m$。两壳面布满小刺。沿岸种,分布广。大量繁殖可引起赤潮。

4)反曲原甲藻 *Prorocentrum sigmoides*:藻体细长,藻体略呈 S 形。前端稍圆,后端尖细。顶刺细长而尖。体长为 $60\sim85~\mu m$,宽为 $20\sim30~\mu m$,顶刺长为 $9.9\sim16~\mu m$。多分布于热带海域。

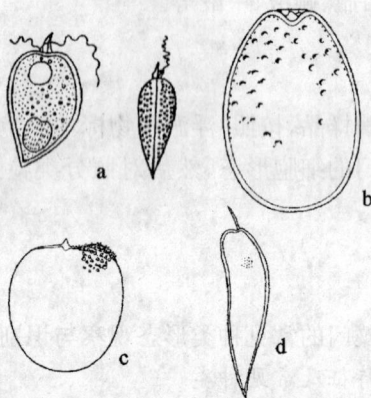

a.海洋原甲藻 *P. micans*;b.利马原甲藻 *P. lima*;c.微小原甲藻 *P. minimum*;
d.反曲原甲藻 *P. sigmoides*

图 2-3-1 原甲藻属 *Prorocentrum*(自各作家)

(2)夜光藻属 *Noctiluca*:分类地位为甲藻门甲藻纲横裂甲藻亚纲多甲藻目裸甲藻亚目夜光藻科。

藻体球状,无外壳,具 1 条能动的触手,成体横沟及鞭毛不明显。是形成赤潮的重要生物,夜晚能发光。

常见种类为夜光藻(图 2-3-2)。

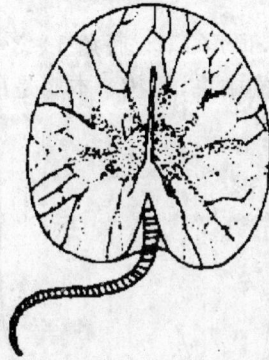

图 2-3-2 夜光藻 *Noctiluca scientillans*（自束蕴芳等,1993）

（3）裸甲藻属 *Gymnodinium*：分类地位为甲藻门甲藻纲横裂甲藻亚纲多甲藻目裸甲藻亚目裸甲藻科。

藻体侧扁，球状或椭球状。藻体裸露或具很薄的壁。具横沟、纵沟，侧生鞭毛。横沟位于藻体中部，环绕藻体一周。细胞核 1 个，位于细胞中部或后端。色素体盘状，多个，侧生或放射状排列。不少种类是形成赤潮的重要生物。

常见种类有裸甲藻、短裸甲藻、链状裸甲藻、蓝色裸甲藻等（图 2-3-3）。

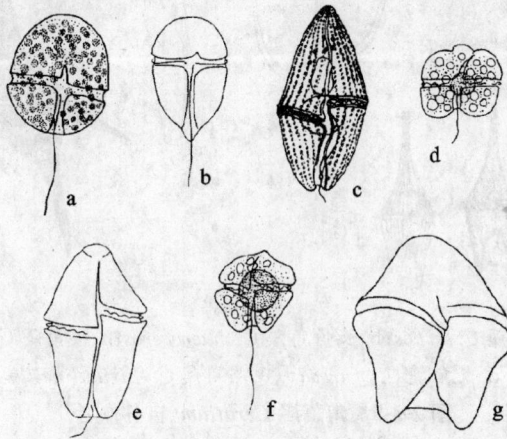

a. 裸甲藻 *G. aeruginosum*；b. 真蓝裸甲藻 *G. eucyaneum*；c. 蓝色裸甲藻 *G. coeruleum*；

d. 短裸甲藻 *G. breve*；e. 链状裸甲藻 *G. catenatum*；f. 长崎裸甲藻 *G. mikimotoi*；

g. 红色裸甲藻 *G. sanguineum*

图 2-3-3 裸甲藻属 *Gymnodinium*（自各作者）

（4）角藻属 *Ceratium*：分类地位为甲藻门甲藻纲横裂甲藻亚纲多甲藻目多

甲藻亚目角藻科。

藻体单细胞或链状群体,顶角1个,底角1~3个(图2-3-4)。细胞壁厚,常有网状花纹。横沟在细胞体的中央,环状。本属是最常见的海洋浮游甲藻类。

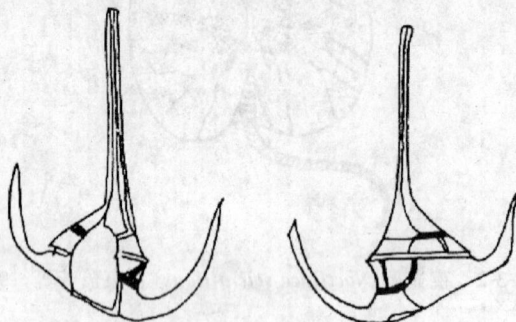

图 2-3-4　角藻属 *Ceratium*(示甲板排列)

常见种类有三角角藻、长角角藻、梭角藻、叉角藻、飞燕角藻等(图2-3-5)。

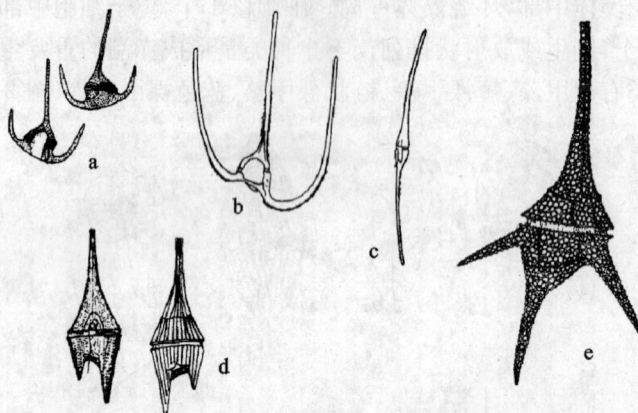

a.三角角藻 *C.tripos*;b.长角角藻 *C.macroceros*;c.梭角藻 *C. fusus*;
d.叉角藻 *C. furca*;e.飞燕角藻 *C. hirundinella*

图 2-3-5　角藻属 *Ceratium*(自各作者)

(5)膝沟藻属 *Gonyaulax*:分类地位为甲藻门甲藻纲横裂甲藻亚纲多甲藻目多甲藻亚目膝沟藻科。

藻体球状、椭球状或多角状。横沟明显左旋,腹面横沟较宽,横沟两端距离较大。纵沟直达顶部。

常见种类有尖尾膝沟藻、春膝沟藻、多纹膝沟藻、具刺膝沟藻等(图2-3-6)。

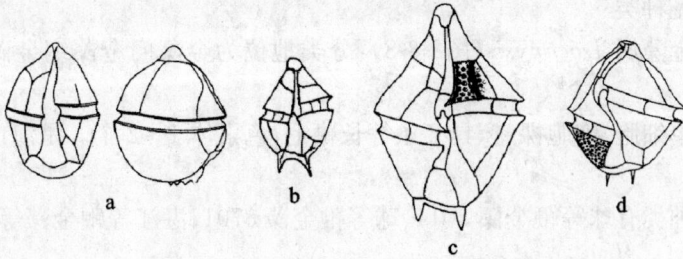

a.尖尾膝沟藻 *G. apiculata*；b.春膝沟藻 *G. verior*；c.多纹膝沟藻 *G. polygramma*；

d.具刺膝沟藻 *G. spinifera*

图 2-3-6　膝沟藻属 *Gonyaulax*（自各作者）

(6)亚历山大藻属 *Alexandrium*：分类地位为甲藻门甲藻纲横裂甲藻亚纲多甲藻目多甲藻亚目膝沟藻科。

藻体细胞小到中等，略近球形。本属甲藻可产生麻痹性贝毒。分布较广。

常见种类有链状亚历山大藻、塔玛亚历山大藻、微小亚历山大藻(图 2-3-7)。

1)链状亚历山大藻 *A. catenella*：藻体近球形，宽稍大于长，长为 21～48 μm，宽为 23～52 μm。藻体表面光滑，横沟明显左旋，绕行藻体 1 周后下降的距离等于横沟的宽度。第一顶板无腹孔。常由 2～5 个细胞组成群体。

2)塔玛亚历山大藻 *A. tamarense*：上下甲均为半球形，长为 20～52 μm，宽为 17～44 μm。第一顶板有腹孔。

3)微小亚历山大藻 *A. minutum*：藻体近球形，第 1 顶板有腹孔。

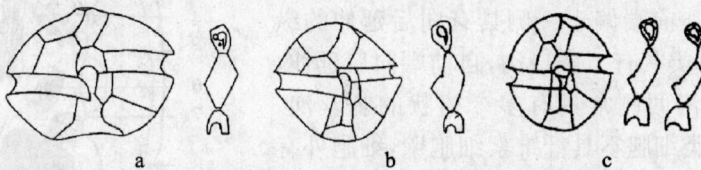

a.链状亚历山大藻 *A. catenella*；b.塔玛亚历山大藻 *A. tamarense*；

c.微小亚历山大藻 *A. minutum*

图 2-3-7　亚历山大藻属 *Alexandrium*（自各作者）

(二)金藻门的主要特征及常见种类

1.金藻门的主要特征

金藻门多数种类为裸露的运动个体。大多具有 2 条鞭毛。色素有叶绿素 a,c,β-胡萝卜素及金藻素。藻体呈金黄色或棕色。色素体数目少,1 个或 2 个。同化产物为白糖素和油滴。

2.常见种类

等鞭金藻属 *Isochrysis*(图2-3-8):分类地位为金藻门金藻纲金藻目等鞭金藻科。

藻体单细胞,细胞裸露,具2条等长鞭毛,色素体1~2个。是海产动物的优良饵料。

常见种类有球等鞭金藻3011、球等鞭金藻8701、湛江等鞭金藻等。

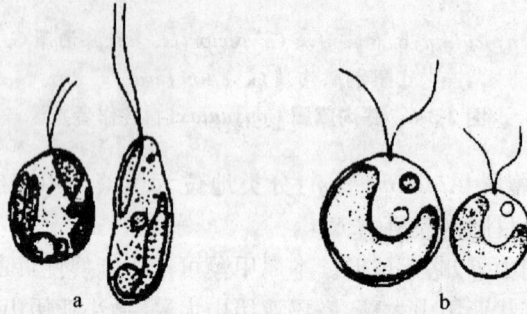

a.球等鞭金藻 *I. galbana*;b.湛江等鞭金藻 *I. zhanjiangensis*

图2-3-8 等鞭金藻属 *Isochrysis*(自束蕴芳等,1993)

(三)隐藻门的主要特征及常见种类

1.隐藻门的主要特征

藻体单细胞,细胞长椭球形或卵形,前端较宽。有背腹之分,侧面观背面隆起,腹面平直或凹入。前端偏于一侧具有向后延伸的纵沟,有的种类具有1条口沟,自前端向后延伸,纵沟或口沟两侧常具有多个棒状的刺丝泡。大部分种类细胞不具纤维素细胞壁,细胞外有一层周质体。多数种类具有鞭毛,能运动。色素有叶绿素 a、叶绿素 c、β-胡萝卜素、藻胆素等。色素体1~2个,大型叶状。隐藻的颜色变化较大,多为黄绿色、黄褐色,也有蓝绿色、绿色或红色的。有的种类无色素体,藻体无色。隐藻的贮存物质为淀粉。隐藻的结构模式见图2-3-9。

2.常见种类

(1)蓝隐藻属 *Chroomonas*:分类地位为隐

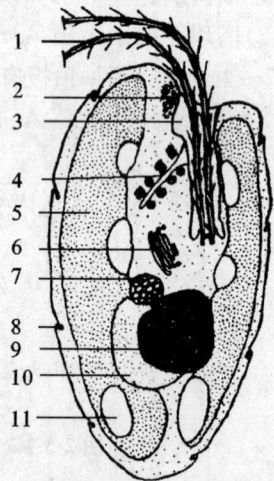

1.鞭毛;2.高尔基体;3.前沟;4.大躯器;
5.叶绿素;6.伸缩泡;7.眼点;8.小躯器;
9.造粉核;10.细胞核;11.淀粉

图2-3-9 隐藻的结构模式图
(自郑重等,1984)

藻门隐藻纲隐鞭藻目隐鞭藻科。

藻体长卵形、椭球形、近球形、圆柱形或纺锤形。前端斜截或平直,后端钝圆或渐尖,背腹扁平。2条鞭毛不等长。纵沟或口沟常不明显。色素体多为1个,有时2个,盘状,周生,呈蓝色到蓝绿色。细胞核1个,位于细胞下半部。

常见种类有尖尾蓝隐藻、长形蓝隐藻等(图2-3-10)。

1)尖尾蓝隐藻 *C. acuta*:藻体长为7~10 μm,宽为4.5~5.5 μm,后端尖,色素体1个。

2)长形蓝隐藻 *C. oblonga*:藻体后端钝圆,色素体2个。

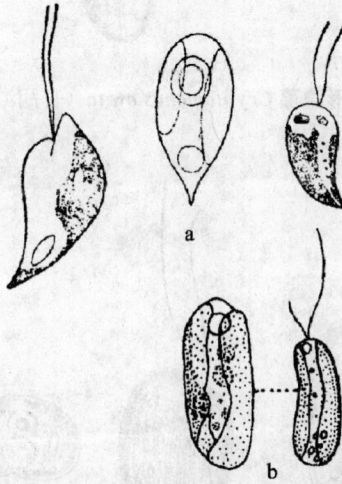

a. 尖尾蓝隐藻 *C. acuta*;b. 长形蓝隐藻 *C. oblonga*

图 2-3-10　蓝隐藻属 *Chroomonas*(自各作者)

(2)隐藻属 *Cryptomonas*:分类地位为隐藻门隐藻纲隐鞭藻目隐鞭藻科。

藻体细胞椭球形、豆形、卵形、圆锥形、S形等。背腹扁平,背侧明显隆起,腹侧平直或略凹入,前端钝圆或斜截,后端宽或狭的钝圆形。纵沟和口沟明显,鞭毛2条,略不等长,自口沟伸出,常小于细胞长度。色素体多为2个,有时1个,黄绿色或黄褐色。细胞核1个,位于细胞下半部。分布广,湖泊、鱼池极常见。

常见种类有卵形隐藻(图2-3-11)、啮蚀隐藻(图2-3-12)等。两者区别是前者藻体后端规则,呈宽圆形,纵沟明显;后者藻体后端大多渐细,纵沟常不明显。

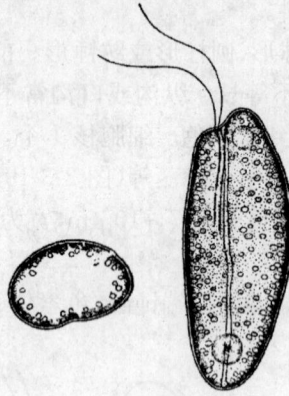

图 2-3-11　卵形隐藻 *Cryptomonas ovata*（自胡鸿钧等，1980）

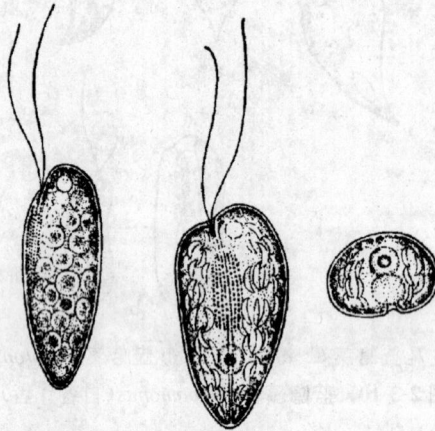

图 2-3-12　嗜蚀隐藻 *Cryptomonas erosa*（自胡鸿钧等，1980）

七、作业

（1）认识甲藻门、金藻门、隐藻门的常见种类。

（2）按教师指定种类绘图。

实验四　绿藻门、蓝藻门、裸藻门的形态观察

一、实验目的

观察并掌握绿藻门、蓝藻门、裸藻门的主要形态特征,识别常见种类。

二、实验材料

野外采集标本、室内培养样品、装片。

三、实验仪器和用品

显微镜、载玻片、盖玻片、尖头镊子、解剖针、擦镜纸、纱布、胶头滴管、烧杯、浮游生物网(25 号)、样品瓶、碘液、甲醛等。

四、实验方法与步骤

用胶头滴管吸取一滴样品,按照"浮游生物标本的镜检方法",在显微镜下观察绿藻门、蓝藻门、裸藻门的细胞形态,然后对照分类检索表鉴定所观察到的种类。

五、实验内容

绿藻门、蓝藻门、裸藻门的常见种类形态观察与识别。

(一)绿藻门的主要特征及常见种类

1.绿藻门的主要特征

藻体细胞色素以叶绿素为主,并含有叶黄素和胡萝卜素,故呈绿色。色素体是绿藻细胞中最显著的细胞器,一般具有 1 个或多个蛋白核。绝大多数有细胞壁,细胞壁内层为纤维素,外层为果胶质。大多具 1 个细胞核,少数多核。运动细胞具有等长的鞭毛,常为 2 条,少数为 4 条,顶生。

2.常见种类

(1)扁藻属 *Platymonas*:分类地位为绿藻门绿藻纲团藻目衣藻科。

藻体单细胞,正面观为椭圆形、心形或卵形。具 4 条等长的顶生鞭毛,约等于或略短于体长。色素体大,呈杯状,内有 1 个蛋白核。眼点 1 个,细胞核 1 个。

海、淡水中均有分布。

常见种类为亚心形扁藻(图 2-4-1)。

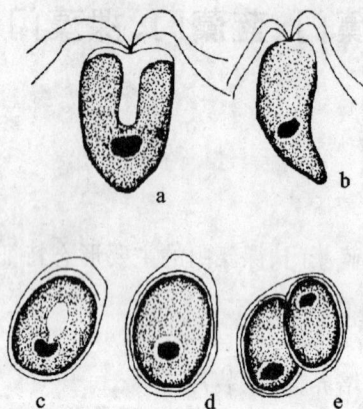

a. 腹面观;b. 侧面观;c~e. 休眠孢子

图 2-4-1 亚心形扁藻 *Platymonas subcordiformis*(自陈明耀等,1995)

(2)盐藻属 *Dunaliella*:分类地位为绿藻门绿藻纲团藻目盐藻科。

藻体单细胞,无细胞壁,体形变化大,通常为梨形、椭球形等,具两条等长顶生鞭毛,比藻体约长 1/3。色素体杯状,内有 1 个蛋白核。盐藻既有淡水种,也有高盐种。盐藻细胞内能储存大量经济价值较高的甘油和 β-胡萝卜素等有机化合物,可通过大量培养杜氏藻提取 β-胡萝卜素。

常见种类为盐生杜氏藻(图 2-4-2)。

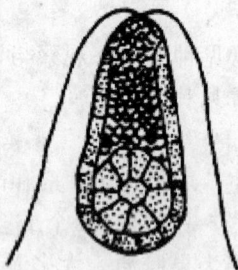

图 2-4-2 盐生杜氏藻 *Dunaliella salina*(自 B・福迪,1980)

(3)塔胞藻属 *Pyramidomonas*:分类地位为绿藻门绿藻纲团藻目盐藻科。

藻体单细胞,细胞呈倒卵形,少数为半球形。细胞前端具一圆锥形凹陷,由凹陷中央向前伸出 4 条鞭毛。色素体杯状,基部有 1 个蛋白核。细胞单核,位于细胞的中央偏前端。细胞裸露,不具细胞壁。

常见种类为娇柔塔胞藻(图 2-4-3)。

图 2-4-3　娇柔塔胞藻 *Pyramidomonas delicatula*(自胡鸿钧等,1980)

(4)红球藻属 *Haematococcus*:分类地位为绿藻门绿藻纲团藻目红球藻科。

藻体单细胞,细胞为椭球形到卵形。细胞壁与原生质体之间有一定间距,充满胶状物质。两条等长鞭毛,约等于体长。环境不良时,产生厚壁孢子,积累大量的虾青素。淡水种。

常见种类为雨生红球藻(图 2-4-4)。

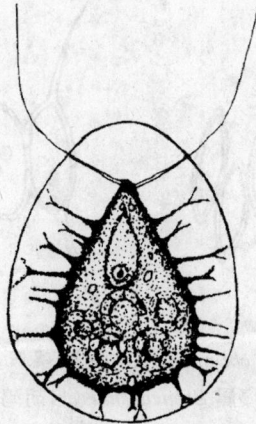

图 2-4-4　雨生红球藻 *Haematococcus pluvialis*(自胡鸿钧等,1980)

（5）小球藻属 *Chlorella*：分类地位为绿藻门绿藻纲绿球藻目小球藻科。

藻体单细胞，小型，细胞直径为 2～12 μm。细胞球形或椭球形。色素体 1 个，周生，杯状或片状。大多数淡水生活，少数海水中生活。小球藻细胞蛋白质含量丰富，可生产保健食品。在水产上，小球藻多用于培养轮虫。

常见种为普通小球藻、蛋白核小球藻、椭圆小球藻等（图 2-4-5）。

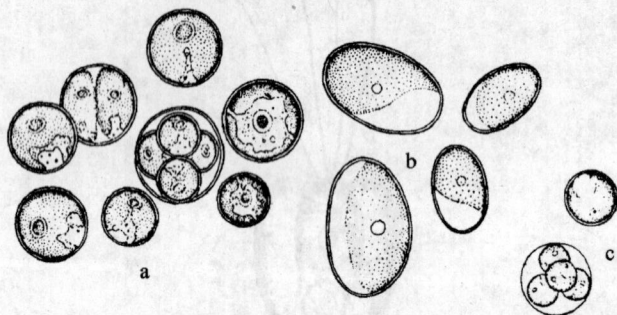

a.普通小球藻 *C. vulgaris*；b 蛋白核小球藻 *C. ellipsoidea*；c 椭圆小球藻 *C. pyrenoidesa*

图 2-4-5　小球藻属 *Chlorella*（自胡鸿钧等，1980）

（6）栅藻属 *Scenedesmus*：分类地位为绿藻门绿藻纲绿球藻目栅藻科。

藻体多为群体，由 2～32 个细胞（多为 4～8 个）组成，极少数为单细胞。细胞纺锤形、卵形、椭球形等。细胞壁平滑，或具刺或齿状突起。有 1 个周生色素体和 1 个蛋白核。为淡水常见种。

常见种类为斜生栅藻、四尾栅藻等（图 2-4-6）。

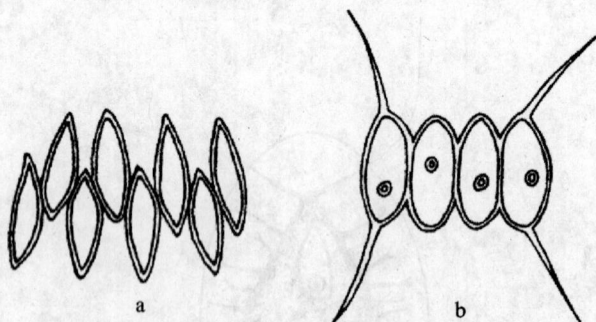

a.斜生栅藻 *S. obliquus*；b. 四尾栅藻 *S. quadricauda*

图 2-4-6　栅藻属 *Scenedesmus*（自胡鸿钧等，1980）

(二)蓝藻门的主要特征及常见种类

1. 蓝藻门的主要特征

蓝藻为原核生物,无真正的细胞核。藻体多群体或丝状体,单细胞种类较少。形态多样。细胞无鞭毛。多数能分泌胶质,包于藻体外。细胞壁的内层为纤维质,外层为果胶质。色素为叶绿素、胡萝卜素、叶黄素、藻胆素(蓝藻的特征性色素),藻体呈现淡蓝色、蓝绿色、黄绿色等。贮存物质为蓝藻淀粉。

2. 常见种类

(1)颤藻属 Oscillatoria:分类地位为蓝藻门蓝藻纲颤藻目颤藻科。

藻体为不分枝的丝状体;丝状体单生或结成团,细胞圆柱形、盘形,细胞内含物均匀或具颗粒,少数有假空泡,没有异形胞,也不形成孢子,是由段殖体来繁殖。新鲜标本可见藻体做颤动、滚动或滑动式运动。颤藻属的种类分布很广,淡水、海水中都有。

常见种类为巨颤藻、小颤藻、美丽颤藻等(图 2-4-7)。

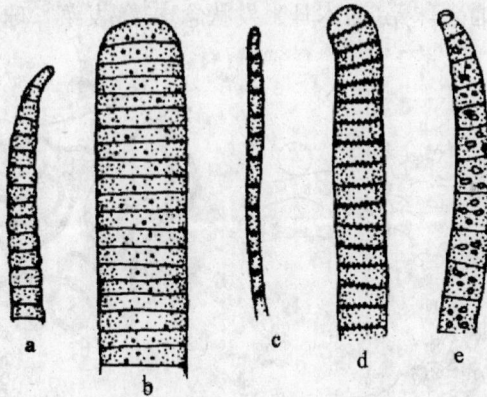

a. 美丽颤藻 O. formosa;b. 巨颤藻 O. princeps;c. 两栖颤藻 O. amphibia;
d. 小颤藻 O. tenuis.;e. 阿氏颤藻 O. agardhii

图 2-4-7 颤藻属 Oscillatoria(自各作者)

(2)螺旋藻属 Spirulina:分类地位为蓝藻门蓝藻纲颤藻目颤藻科。

藻体淡蓝绿色。细胞圆筒状。藻体为不分支的丝状体,丝状体外无胶质鞘,藻丝螺旋状卷曲。无异形胞和厚壁孢子。海水、淡水中均有分布。

常见种类为钝顶螺旋藻、极大螺旋藻等(图 2-4-8)。

(3)念珠藻属 Nostoc:分类地位为蓝藻门蓝藻纲念珠藻目念珠藻科。

藻体为群体,团块状,由许多螺旋形弯曲的丝状体交织组成,有异形胞,幼体异形胞顶生,成体间生。主要是淡水生,在潮湿的土表也有很多。

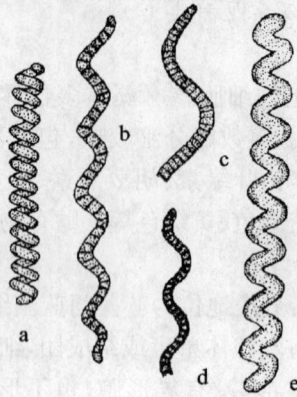

a. 大螺旋藻 S. major；b. 极大螺旋藻 S. maxima；c. 钝顶螺旋藻 S. platensis
d. 方胞螺旋藻 S. jenneri；e. 为首螺旋藻 S. princeps

图 2-4-8　螺旋藻属 Spirulina（自胡鸿钧等，1980）

常见种类有普通念珠藻（地木耳）、发状念珠藻（发菜）、球状念珠藻（葛仙米）等（图 2-4-9）。

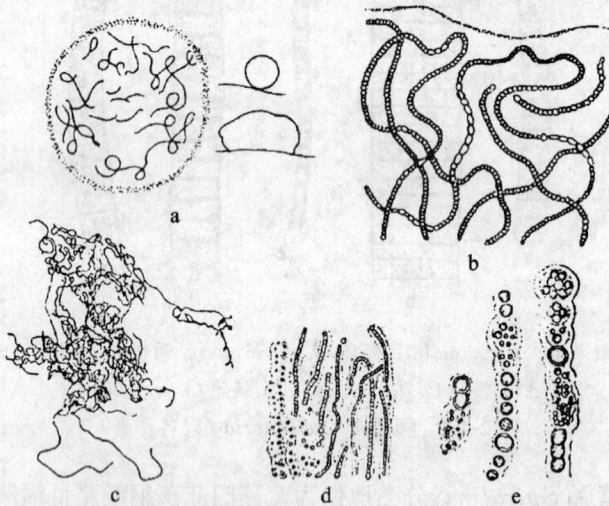

a. 普通念珠藻 N. commune；b. 球状念珠藻 N. sphaericum；c～e. 发状念珠藻 N. flagelliforme

图 2-4-9　念珠藻属 Nostoc（自胡鸿钧等，1980）

（4）鱼腥藻属（项圈藻属）Anabaena：分类地位为蓝藻门蓝藻纲念珠藻目念珠藻科。

藻体细胞球形、圆柱形。由单列细胞组成不分枝的单一丝状体，或由丝状体组成柔软的、不定形胶质块。异形胞大多数间生，厚壁孢子单一或排列成串。

常见种类有水华鱼腥藻、螺旋鱼腥藻(图 2-4-10)、链状鱼腥藻等。

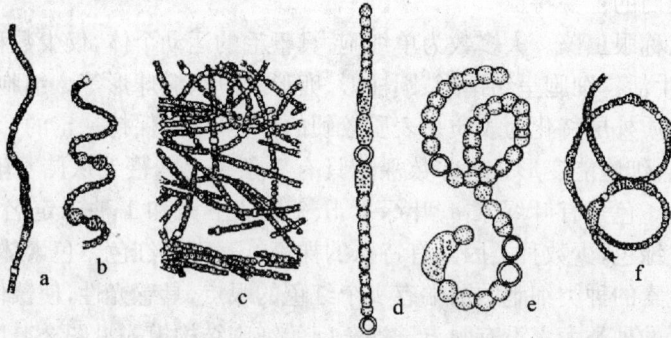

a. 多变鱼腥藻 A. variabilis；b. 螺旋鱼腥藻 A. spiroides；c. 固氮鱼腥藻 A. azotica；
d. 类颤藻鱼腥藻 A. oscillarioides；e. 卷曲鱼腥藻 A. circinalis；f. 水华鱼腥藻 A. flos-aquae

图 2-4-10 鱼腥藻属 Anabaena(自各作者)

(5)微囊藻属(微胞藻属)Microcystis：分类地位为蓝藻门蓝藻纲色球藻目色球藻科。

本属物种单细胞种类少，多形成群体，群体呈球形团块状或不规则形或穿孔或网状团块。细胞球形或椭球形，互相紧贴，蓝色或蓝绿色，细胞内含物具许多颗粒状泡沫形的假空泡。白天上浮，晚上下沉，高营养化的池塘中易发生微囊藻大量繁殖，形成水华。

常见种类有铜绿微囊藻、水华微囊藻等(图 2-4-11)。

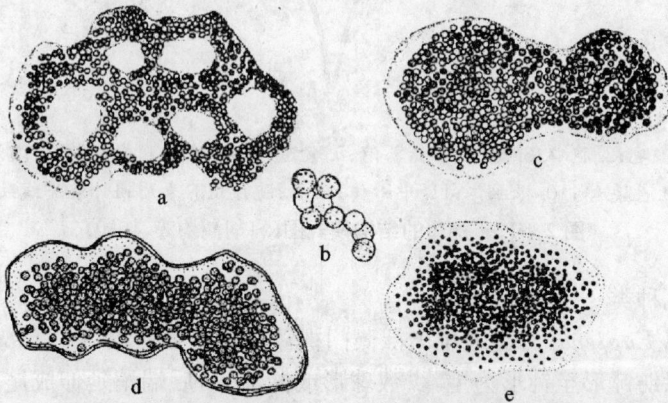

a,b. 铜绿微囊藻 M. aeruginosa；c. 水华微囊藻 M. flos-aquae；
d. 具缘微囊藻 M. marginata；e. 不定微囊藻 M. incerta

图 2-4-11 微囊藻属 Microcystis(自胡鸿钧等,1980)

(三)裸藻门的主要特征及常见种类

1. 裸藻门的主要特征

裸藻又称眼虫藻。大多数为单细胞、具鞭毛的运动个体,仅少数种类具胶质柄,营固着生活。细胞呈纺锤形、圆柱形、卵形、球形、椭球形等。细胞裸露,无细胞壁。细胞质外层特化为表质。表质较硬的种类,细胞保持一定的形状;表质较柔软的种类,细胞能变形。大多数裸藻具有 1 条鞭毛。鞭毛从储蓄泡基部经胞口伸出体外。色素有叶绿素 a、叶绿素 b、β-胡萝卜素和 1 种未定名的叶黄素。藻体大多呈绿色,少数种类因具有特殊的裸藻红素而呈红色。色素体多,一般呈盘状。有色素的种类细胞的前端有 1 个红色的眼点,具感光性,使藻体具有趋光性。无色素的种类大多没有眼点。裸藻门的细胞结构模式见图 2-4-12。

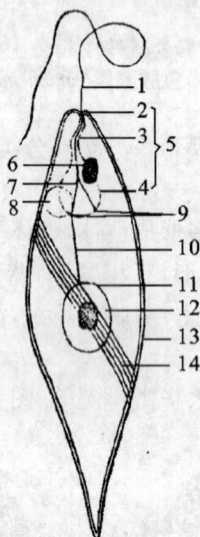

1.鞭毛;2.胞口;3.胞咽;4.储蓄泡;5.食道;6.眼点;7.颗粒体;8.伸缩泡;
9.生毛体;10.根丝体;11.中心体;12.细胞核;13.表质;14.表质线纹

图 2-4-12 裸藻的结构模式图(自胡鸿钧等,1980)

2. 常见种类

裸藻属 *Euglena*:分类地位为裸藻门裸藻纲裸藻目裸藻科。

藻体以纺锤形至针形为主,少数球形或椭球形,后端稍延伸成尾状。具有 1 条鞭毛,能运动。眼点在鞭毛的基部,橘红色,明显。多数种类表质柔软,细胞能变形,少数种类形态固定。色素体 1 至多个,盘状、片状、带状或星状,多数呈绿色,少数种类因具有特殊的裸藻红素而呈红色,有的无色。本属是裸藻门种类最多也是最常见的属。

常见种类有绿裸藻、尖尾裸藻、血红裸藻等(图 2-4-13)。

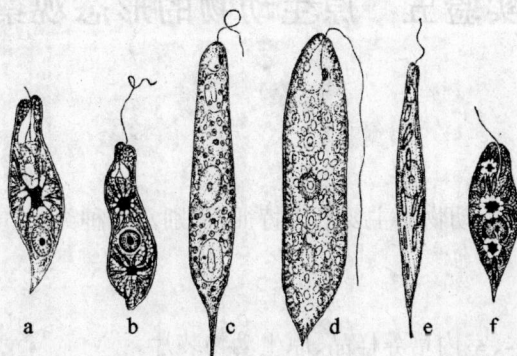

a. 绿裸藻 *E. viridis*；b. 膝曲裸藻 *E. geniculata*；c. 尖尾裸藻 *E. oxyuris*；
d. 血红裸藻 *E. sanguinea*；e. 梭形裸藻 *E. acus*；f. 三星裸藻 *E. tristella*

图 2-4-13　裸藻属 *Euglena*(自胡鸿钧等,1980)

七、作业

(1)认识绿藻门、蓝藻门、裸藻门的常见种类。
(2)按教师指定种类绘图。

实验五　原生动物的形态观察

一、实验目的

观察并掌握原生动物的主要形态特征,识别常见种类。

二、实验材料

野外采集标本、室内培养样品、原生动物装片。

三、实验仪器和用品

显微镜、载玻片、盖玻片、尖头镊子、解剖针、擦镜纸、纱布、胶头滴管、烧杯、浮游生物网(13号)、样品瓶、碘液、甲醛等。

四、实验方法与步骤

用胶头滴管吸取一滴样品,按照"浮游生物标本的镜检方法",在显微镜下观察原生动物的细胞形态,然后对照分类检索表鉴定所观察到的种类。

五、实验内容

原生动物常见种类的形态观察与识别。

1. 原生动物的主要特征

原生动物是动物界最原始、最低等、最简单的单细胞动物或其形成的简单群体。具有细胞膜、细胞质、细胞核,无分化的组织和器官。只有分化的细胞器(由细胞质分化而来),各种生命活动是靠细胞器来进行的。它作为一种动物是最简单的,但作为一个细胞在结构上是极其复杂和高等的。

2. 常见种类

(1)变形虫属 *Amoeba*:分类地位为原生动物门肉足虫纲根足亚纲变形目变形虫科。

虫体的形状不定。内质和外质明显,可做变形运动,兼有底栖和浮游习性。当营底栖生活爬行时,伸出的伪足较少而粗;当其浮到水的上层时,伪足就显得细而长,几乎呈针状。

常见种类有辐射变形虫、蝙蝠变形虫、泥生变形虫等(图2-5-1)。

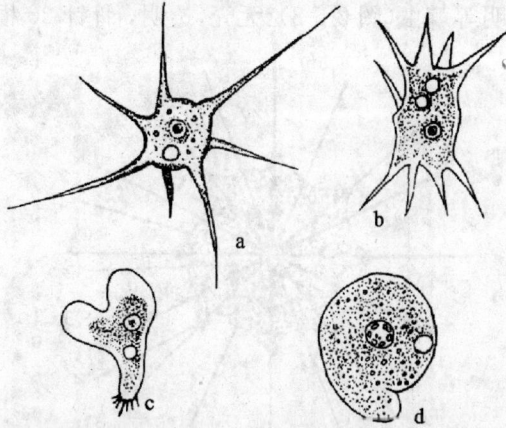

a.辐射变形虫 *A. radiosa*；b.蝙蝠变形虫 *A. vespertilis*；
c.蛞蝓变形虫 *A. limax*；d.泥生变形虫 *A. limicola*
图 2-5-1　变形虫属 *Amoeba*（自各作者）

（2）抱球虫属 *Globigerina*：分类地位为原生动物门肉足虫纲根足亚纲有孔虫目球房虫科。

个体较大，壳呈塔形螺旋，房室球形至卵形，缝合线凹陷，辐射排列。壳壁钙质，多孔性辐射结构。壳面光滑或具小壳、网纹、细刺等。

常见种类有泡抱球虫（图 2-5-2）。

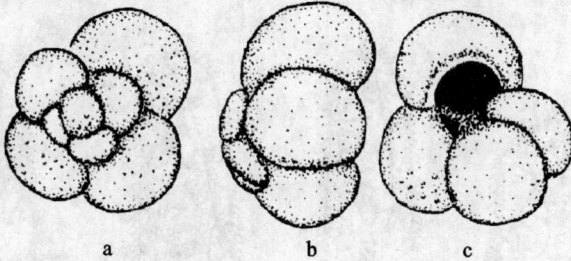

a.背面观；b.壳缘观；c.腹面观
图 2-5-2　泡抱球虫 *Globigerina bulloides*（自郝治纯等，1980）

（3）等棘虫属 *Acanthometra*：原生动物门肉足虫纲辐足亚纲放射虫目等棘虫科。

细胞质明显地分为内、外质两层，内外层之间有中央囊隔开。骨针等长，同形（有时 2～4 根稍长）。中心囊球状或多角状。每根骨针上带有很多线形肌丝。肌丝常为 16 条，也可达 32～40 条。

常见种类有透明等棘虫(图 2-5-3):无壳,透明,骨针 20 根,大洋暖水种。

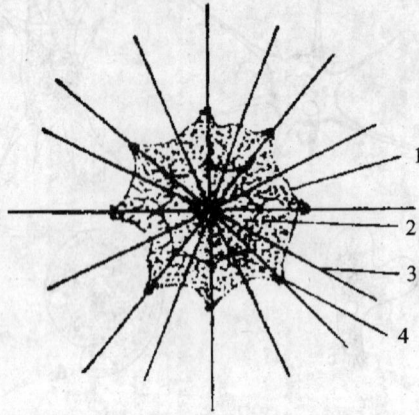

1. 胶膜;2. 中央囊;3. 骨针;4. 肌丝

图 2-5-3　透明等棘虫 *Acanthometra pellucida*(自束蕴芳等,1993)

(4)草履虫属 *Paramecium*:分类地位为原生动物门纤毛虫纲全毛目草履虫科。虫体呈倒置草履形,断面圆形或椭圆形。个体较大,100~300 μm。纤毛密布全身。细胞质明显分为外质和内质 2 部分。大核 1 个,卵形至肾形。身体前、后各有 1 个伸缩泡。口沟发达,其底部的深处有一胞口,食物通过胞口进入胞咽,胞咽内具有 2 片纵长的波动膜。主要分布在污染性水中或有机质丰富的水体中。

常见种类有尾草履虫、绿草履虫、多核草履虫、双核草履虫等(图 2-5-4)。

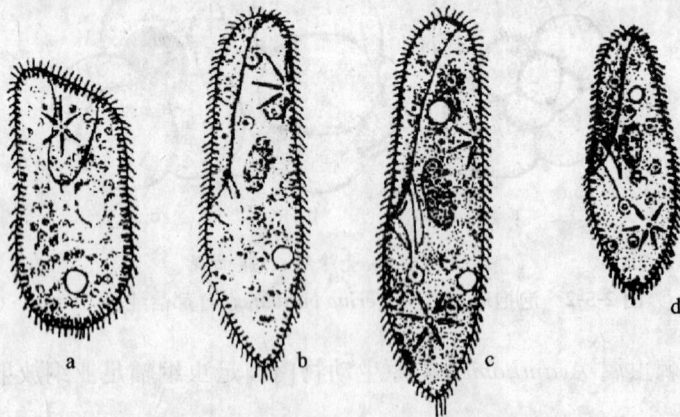

a. 尾草履虫 *P. caudatum*;b. 绿草履虫 *P. bursaria*;

c. 多核草履虫 *P. multimicronucleatum*;d. 双核草履虫 *P. aurelia*

图 2-5-4　草履虫属 *Paramecium*(自各作者)

　　(5)拟铃壳虫属 *Tintinnopsis*：分类地位为原生动物门纤毛虫纲旋毛目铃壳纤毛虫科。

　　虫体有外壳，呈杯形或碗形，壳上沙粒较细小，排列整齐。壳前部往往有螺旋纹。在淡水、海水均有分布。

　　常见种类有根状拟铃虫、布氏拟铃虫、东方拟铃虫、中华拟铃虫等（图 2-5-5b～h）。

　　(6)麻铃虫属 *Leprotintinnus*：分类地位为原生动物门纤毛虫纲旋毛目沙壳纤毛虫科。

　　假几丁质的壳呈管状，背口端开口，无领。壳的一部分有螺旋横纹。

　　常见种类有诺氏麻铃虫（图 2-5-5a），广泛分布于我国黄海和东海。

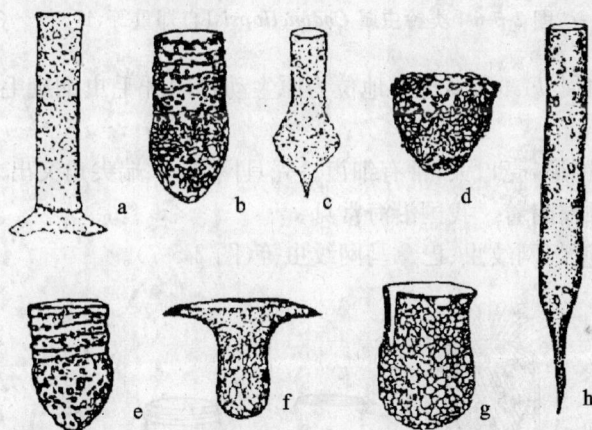

a.诺氏麻铃虫 *Leprotintinnus nordguisti*；b.中华拟铃虫 *T. sinensis*；
c.妥肯丁拟铃虫 *T. toxantinensis*；d.锥形拟铃虫 *T. conicus*；
e.王氏拟铃虫 *T. wangi*；f.布氏拟铃虫 *T. butschlii*；
g.东方拟铃虫 *T. orientalis*；h.根状拟铃虫 *T. radix*

图 2-5-5　麻铃虫属 *Leprotintinnus* 与拟铃虫属 *Tintinnopsis*（自李永函、赵文，2002）

　　(7)类铃虫属 *Codonellopsis*：分类地位为原生动物门纤毛虫纲旋毛目类铃纤毛虫科。

　　虫体壳呈壶状，壳口有一透明的、较高的领部，领上一般有螺旋形条纹。我国东海、南海常见。

　　常见种类有圆形类铃虫（图 2-5-6）：壳口的领长，领上有 7～8 条螺旋带。壶部呈圆形，有颗粒附着。

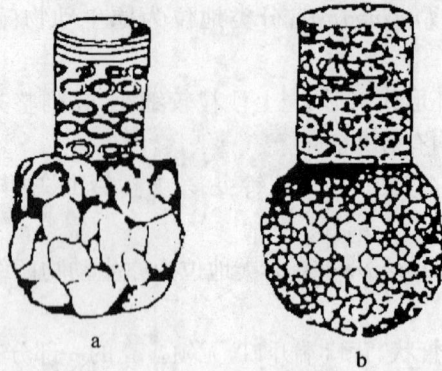

a. 奥氏类铃虫 *C. ostenfeldi*；b. 圆形类铃虫 *C. rotunda*

图 2-5-6　类铃虫属 *Codonellopsis*（自郑重等，1984）

（8）网纹虫属 *Favella*：分类地位为原生动物门纤毛虫纲旋毛目杯状纤毛虫科。

虫体壳呈钟形，壳口大，常有细齿。壳具网纹，末端尖角突出。壳壁两层，薄而透明，没有颗粒附着。我国沿海常见。

常见种有厦门网纹虫、巴拿马网纹虫等（图 2-5-7）。

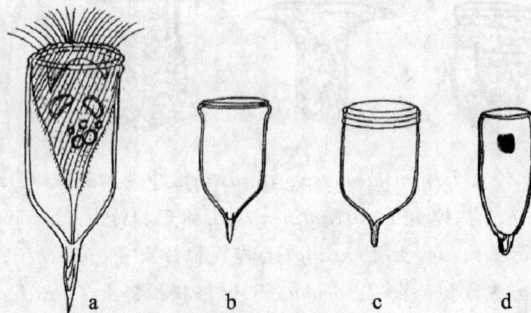

a. 巴拿马网纹虫 *F. panamensis*；b. 钟状网纹虫 *F. campanula*；

c. 厦门网纹虫 *F. amoyensis*；d. 艾氏网纹虫 *F. ehrenbergii*

图 2-5-7　网纹虫属 *Favella*（自各作者）

（9）游仆虫属 *Euplotes*：分类地位为原生动物门纤毛虫纲旋毛目游仆虫科。

虫体多呈椭球形至球形，腹面略平，背面稍突出并有纵脊。小膜口缘区十分发达，非常宽阔而明显，无波动膜。无侧缘纤毛，前棘毛（触毛）6～7根，腹棘毛2～3根，肛棘毛（臀棘毛）5根，尾棘毛4根。大核1个，呈长带状，小核1个。伸缩泡后位。海水、淡水均有分布，常见于有机质丰富的水体中。

常见种类有九肋游仆虫、黏游仆虫、侧扁盘状游仆虫、阔口游仆虫、土生游仆虫等(图 2-5-8)。

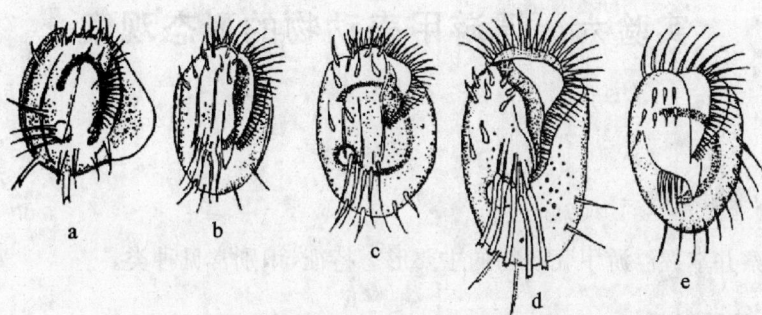

a. 九肋游仆虫 *E. novemcarinatus*；b. 黏游仆虫 *E. muscicola*；
c. 侧扁盘状游仆虫 *E. patella*；d. 阔口游仆虫 *E. eurystomus*；e. 土生游仆虫 *E. terricola*

图 2-5-8　游仆虫属 *Euplotes*(自各作者)

六、作业

(1)认识原生动物的常见种类。

(2)按教师指定种类绘图。

实验六　浮游甲壳动物的形态观察

一、实验目的

观察并掌握浮游甲壳动物的主要形态特征，识别常见种类。

二、实验材料

野外采集标本、室内培养标本、浮游甲壳动物装片。

三、实验仪器和用品

显微镜、载玻片、盖玻片、尖头镊子、解剖针、擦镜纸、纱布、胶头滴管、烧杯、浮游生物网（13 号）、样品瓶、碘液、甲醛等。

四、实验方法与步骤

用胶头滴管吸取一滴样品，按照"浮游生物标本的镜检方法"，在显微镜下观察浮游甲壳动物的细胞形态，然后对照分类检索表鉴定所观察到的种类。

五、实验内容

浮游甲壳动物常见种类的形态观察与识别。

（一）枝角类的主要特征及常见种类

1. 枝角类的主要特征

枝角类（Cladocera）是指节肢动物门甲壳纲鳃足亚纲枝角目的动物，通称水蚤或溞，俗称红虫或鱼虫。枝角类躯体包被于两壳瓣中，体不分节（薄皮溞除外），头部有 1 复眼。第一触角小，第二触角发达，双肢型，为主要的游泳器官。后腹部结构和功能复杂，胸肢 4～6 对。大多生活于淡水，仅少数生活于海洋，一般营浮游生活。枝角类雌体模式见图 2-6-1。

2. 常见种类

（1）尖头溞属 *Penilia*：分类地位为节肢动物门甲壳纲鳃足亚纲枝角目仙达溞科。

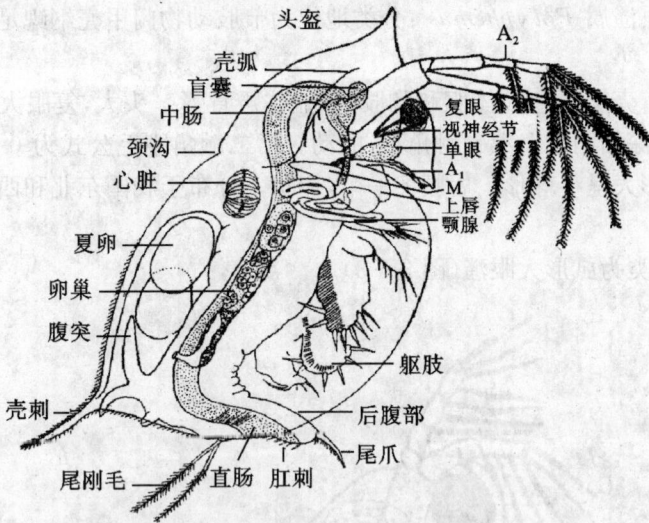

图 2-6-1　枝角类雌体模式图（自郑重等，1984）

尖头溞属物种虫体透明，头部小，额角尖细。第二触角刚毛公式为 2-6/1-4。后腹部狭长，有短壳刺。尾爪细长，具 2 个尾刚毛。分布于海洋。

常见种类为鸟喙尖头溞（图 2-6-2）。

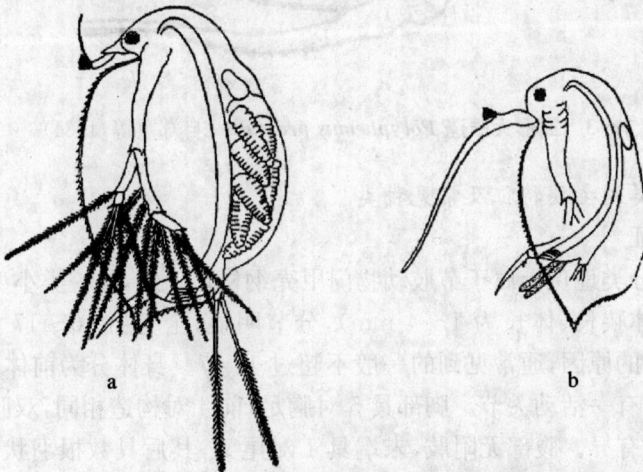

a. 雌体；b. 雄体

图 2-6-2　鸟喙尖头溞 *Penilia avirostris*（自郑重等，1984）

(2)大眼溞属 *Polyphemus*：分类地位为节肢动物门甲壳纲鳃足亚纲枝角目大眼溞科。

虫体短，壳瓣不包被体躯和胸肢，只盖住孵育囊。头大，复眼大，无单眼，无壳弧。颈沟深而明显。第一触角小，能动。第二触角刚毛公式为 0-1-2-4/0-1-1-5。孵育囊膨大呈半球形。后腹突一个，棒状。分布于我国东北和西北地区的湖泊、池塘中。

常见种类为虱形大眼溞（图 2-6-3）。

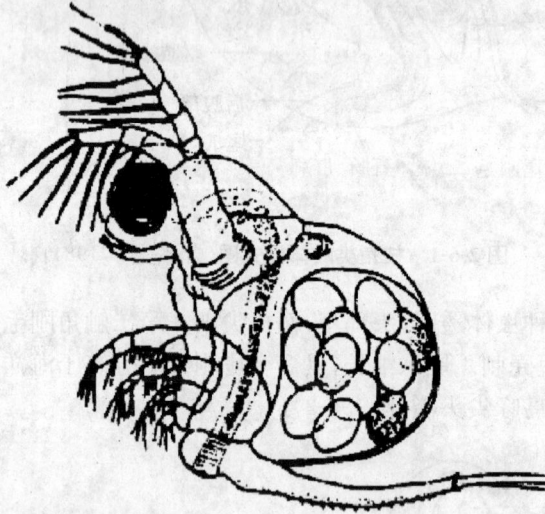

图 2-6-3　虱形大眼溞 *Polyphemus pediculus*（自郑重等，1984）

(二)桡足类的主要特征及常见种类

1. 主要特征

桡足类在分类地位上属于节肢动物门甲壳纲桡足亚纲，是一类小型、低等的甲壳动物。身体狭长（体长为 1～4 mm），分节明显，全身由 16～17 个体节组成，但由于愈合的原因，通常见到的一般不超过 11 节。身体分为前体部和后体部，在两者之间有一活动关节。胸部具 5 对胸足，前 4 对构造相同，双肢型，第五对常退化，两性有异。腹部无附肢，末端具 1 对尾叉，其后具数根羽状刚毛。用鳃或皮肤表面进行呼吸作用。雌雄异体，个体发育一般经过变态，即有无节幼体期和桡足幼体期。雌性桡足类的一般构造见图 2-6-4。

2. 常见种类

(1)哲水蚤属 *Calanus*：分类地位为节肢动物门甲壳纲桡足亚纲哲水蚤目哲

水蚤科。

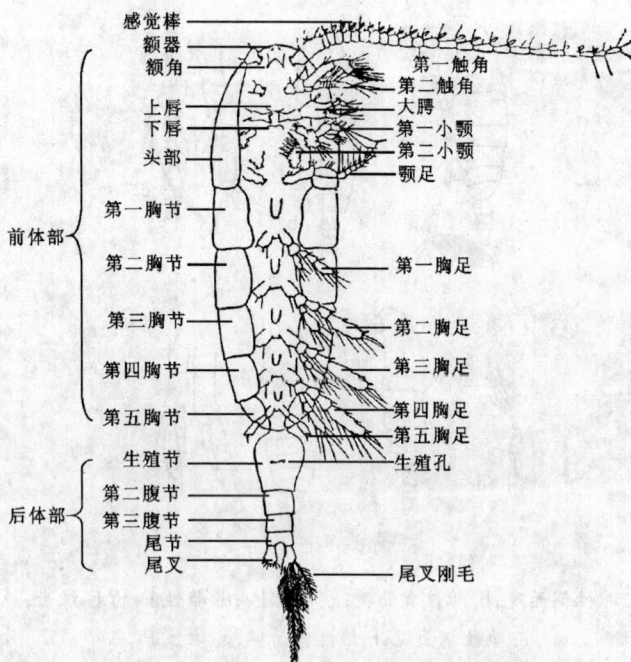

图 2-6-4 雌性桡足类的腹面观(仿 Giesbrecht & Schmeil,1898)

前体部大于后体部。活动关节位于最末胸节和第一腹节之间。胸足五对。第一触角通常比身体长。有心脏。卵直接产在水中,或产在一个卵囊内。

常见种类为中华哲水蚤(图 2-6-5)。体长为 2.6~3.0 mm,头胸部长圆筒形。胸部后侧角短而钝圆。暖温带种,广泛分布于我国渤海、黄海、东海。是鲐等经济鱼类的重要饵料。

(2)长腹剑水蚤属 *Oithona*:分类地位为节肢动物门甲壳纲桡足亚纲剑水蚤目长腹剑水蚤科。

小型桡足类,体细长,前、后体部分界明显,后体部狭长。活动关节位于第四、五胸节之间,因此第五胸节成为后体部的第一节。前体部 5 节,后体部雌性 5 节、雄性 6 节。生殖孔位于腹部第二节。第一触角较短,雌雄异形,♂呈执握状。第二触角单肢型。第五胸足退化,很小,没有改变为钳状。无心脏,雌性有两个卵囊,卵产于卵囊中。

常见种类为大同长腹剑水蚤(图 2-6-6):小型桡足类,体长为 0.6~0.8 mm。前、后体部分界明显,后体部狭长。雌性第一触角长,超过前体部。第五胸足♀、

♂体都退化,只剩下 2 根刺毛。

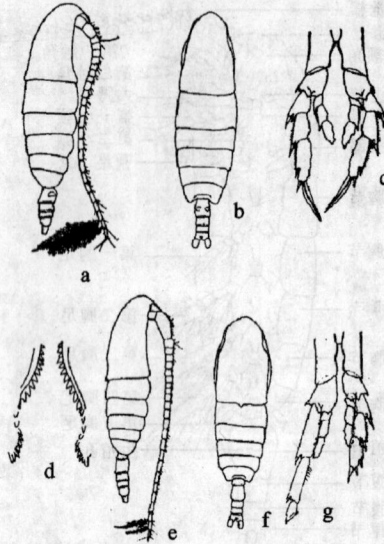

a. 雌性侧面观;b. 雌性背面观;c. 雌性 P₅;d. 雌性 P₅ 的 B₁ 缘齿;
e. 雄性侧面观;f. 雄性背面观;g. 雄性 P₅

图 2-6-5　中华哲水蚤 *Calanus sinicus*（仿李少菁，1963）

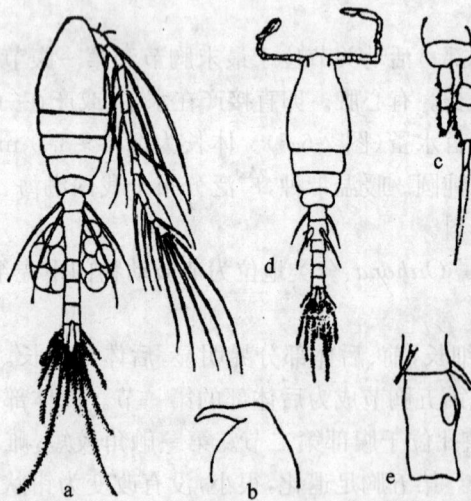

a. 雌性背面观;b. 雌性额部侧面观;c. 雌性 P₄;d. 雄性背面观;e. 雄性后体部前两节侧面观

图 2-6-6　大同长腹剑水蚤 *Oithona similes*（自郑重等，1984）

（3）大眼剑水蚤属 *Corycaeus*：分类地位为节肢动物门甲壳纲桡足亚纲剑水蚤目大眼剑水蚤科。

小型桡足类，体长为 0.9～1.1 mm。前、后体部分界明显，前体部呈长椭球形，头部与第一胸节分开或愈合，前端背面有 1 对大的晶体。第一触角短小，第二触角发达。第三胸节后侧角明显，第五胸足退化，只遗留两根刺毛。后体部较短、狭，由 1～2 节组成。

常见种类为近缘大眼剑水蚤（图 2-6-7），广泛分布于我国渤海、黄海海域。

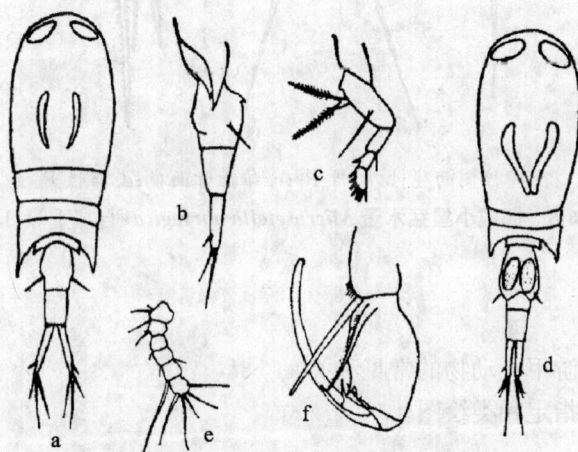

a. 雌性背面观；b. 雌性后体部侧面观；c. 雌性 P$_4$；

d. 雄性背面观；e. 雄性第一触角；f. 雄性第二触角

图 2-6-7　近缘大眼剑水蚤 *Corycaeusl affinis*（自郑重等，1984）

（4）小星猛水蚤属 *Microsetella*：分类地位为节肢动物门甲壳纲桡足亚纲猛水蚤目同相猛水蚤科。

虫体细长，前体部略宽于后体部。活动关节不明显，位于第四、五胸节之间。第一触角较短，节数少，不超过体长一半。尾叉短，左、右各具 1 根长刚毛，其余尾刚毛很短。无心脏，卵囊 1 个。常栖息于海水上层，在我国沿海水域均有分布。

常见种类为挪威小星猛水蚤（图 2-6-8）。

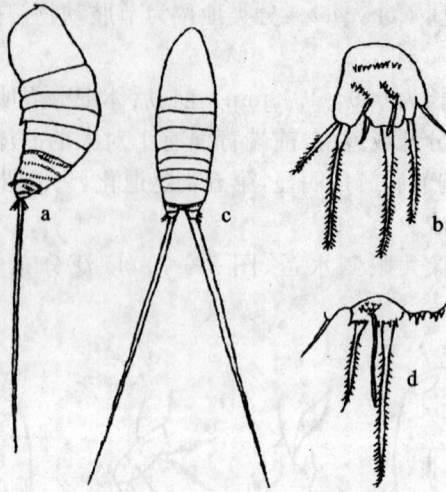

a.雌性侧面观；b.雌性 P_5；c.雄性背面观；d.雄性 P_5

图 2-6-8　挪威小星猛水蚤 *Microsetella norvegica*（自郑重等，1984）

六、作业

（1）认识浮游甲壳动物的常见种类。

（2）按教师指定种类绘图。

实验七　浮游植物叶绿素含量的测定
——分光光度法

一、实验目的

学习用分光光度法测定浮游植物叶绿素含量。

二、实验原理

浮游植物含有多种色素,叶绿素是其最重要的色素,主要有叶绿素 a、叶绿素 b、叶绿素 c 三种。叶绿素不溶于水,溶于有机溶剂,可用多种有机溶剂(如丙酮、乙醇或二甲基亚砜等)研磨提取或浸泡提取。叶绿素在特定提取溶液中对特定波长的光有最大吸收,用分光光度计测定在该波长下叶绿素溶液的吸光度,根据公式即可计算出溶液中各色素浓度。不同溶剂所提取的色素吸收光谱有差异,因此,应使用不同的计算公式。本实验是以 90%丙酮提取浮游植物色素,用分光光度计依次在波长 664 nm、647 nm、630 nm 测定丙酮提取液的吸光度值,按照 Jeffrey-Humphrey 的公式,分别计算出叶绿素 a、b、c 的含量。

三、实验材料

浮游植物水样。

四、实验仪器和用品

分光光度计(波带宽度应小于 3 nm,吸光值可读到 0.001)、电子天平、冷冻离心机(4 000 r/min)、离心管若干(具塞,10 mL 或 15 mL)、冰箱、抽滤装置、干燥管、棕色试剂瓶(100 mL、200 mL、1 000 mL 各 1 个)、量筒(100 mL、1 000 mL 各 1 个)、移液器或移液管(5 mL,1 个)、镊子、90%丙酮、碳酸镁悬浮液(10 g/L)。

五、实验方法与步骤

(一)试剂配制
所用试剂为分析纯,水为蒸馏水。

(1)90%丙酮:量取 900 mL 丙酮(CH_3COCH_3)于 1 000 mL 的量筒中,定量到 1 000 mL,保存在棕色试剂瓶中。

(2)碳酸镁悬浮液(10 g/L):用电子天平称取 1 g 碳酸镁($MgCO_3$),加水至 100 mL,搅匀,保存在试剂瓶中待用,用时需再摇匀。

(二)测定步骤

1.样品制备

量取一定体积的待测水样(海水、湖水、河水、微藻培养液等),混匀后,用 0.45 μm 的滤膜抽滤,每个样品即将抽滤结束时,加入 2 mL 碳酸镁悬浮液,抽滤结束后,将滤膜对折再对折,放于干燥管中,编号后进行下一步测定。如不能马上测定,则保存于−10℃待测定。

2.样品叶绿素的萃取

将带有样品的滤膜放入具塞离心管中,加入 90%丙酮 10 mL,摇荡,盖上盖子,放于 0℃~4℃冰箱中 20~24 h,提取叶绿素。由于叶绿素见光容易被氧化破坏,因此以上操作步骤及以下操作步骤尽量在弱光下进行,必要时用黑布遮盖样品。

3.样品离心

将样品从冰箱取出,用冷冻离心机进行离心,离心速度为 4 000 r/min,离心时间为 20 min。

4.样品测定

取厚度为 1 cm 的洁净比色皿,注意不要用手接触比色皿的光面,先用少量色素提取液清洗 2~3 次,注意清洗时要使清洗液接触比色皿内壁的所有部分,然后将色素提取液加入比色皿中,液面高度约为比色皿高度的 4/5,将撒在比色皿外面的溶液用滤纸吸掉(注意不能擦),再用擦镜纸擦干净。将比色皿放入仪器的比色皿架上,用 90%丙酮作为参比,分别在 750 nm、664 nm、647 nm、630 nm 波长处测定吸光值。每个样品重复测量 3 次。其中,750 nm 处的测定,用以校正提取液的浊度,当测定池 1 cm 光程的吸光度超过 0.005 时,提取液应重新离心。

5.计算

分别把在波长 664 nm、647 nm、630 nm 测得的吸光值减去 750 nm 的吸光值,得到校正后的吸光值 E_{664}、E_{647} 和 E_{630},再按以下公式计算出叶绿素 a、叶绿素 b、叶绿素 c 的含量。

$$Chla(\mu g/L) = (11.85E_{664} - 1.54E_{647} - 0.08E_{630})V_0/V \times L$$

$$Chlb(\mu g/L) = (21.03 E_{647} - 5.43 E_{664} - 2.66E_{630})V_0/V \times L$$

$$Chlc(\mu g/L) = (24.52 E_{630} - 1.67 E_{664} - 7.60 E_{647})V_0/V \times L$$

式中,Chla 为样品中叶绿素 a 含量,Chlb 为样品中叶绿素 b 含量,Chlc 为样品中叶绿素 c 含量,V_0 为样品丙酮提取液的体积(mL),V 为抽滤样品的体积(L),L 为测定池光程(cm)。

六、作业

(1)测出所给样品的叶绿素含量,并将实验数据记录在下表中。

数据记录及结果

重复	吸光值			叶绿素含量(μg/L)		
	E_{664}	E_{647}	E_{630}	Chla	Chlb	Chlc
1						
2						
3						

(2)思考题:

1)叶绿素 a、b 在红光和蓝光区都有吸收峰,可否在蓝光区的吸收峰波长下进行叶绿素 a、b 的定量分析? 原因何在?

2)在强光下提取叶绿素对测定结果会有什么样的影响? 为什么?

3)为什么在测定时需要洗净比色皿? 洗净的比色皿在倒入提取液时为什么还要用提取液洗 2～3 次?

实验八 浮游植物叶绿素含量的测定
——荧光分光光度法

一、实验目的

学习用荧光分光光度法测定浮游植物叶绿素 a 含量。

二、实验原理

叶绿素 a 是估算初级生产力和生物量的重要指标。叶绿素 a 的丙酮萃取液受蓝光激发产生红色荧光,过滤一定体积水样所得到的浮游植物用 90％丙酮提取其色素,使用荧光分光光度计测定提取液酸化前、后的荧光值,可计算出水样中叶绿素 a 的浓度。

三、实验材料

浮游植物水样、亚心形扁藻培养液。

四、实验仪器和用品

荧光分光光度计、电子天平、冷冻离心机(4 000 r/min)、离心管若干(具塞,10 mL 或 15 mL)、冰箱、抽滤装置、干燥管、棕色试剂瓶(100 mL、1 000 mL 各 1 个)、量筒(100 mL、200 mL、1 000 mL 各 1 个)、移液器或移液管(5 mL,1 个)、滴瓶(100 mL,1 个)、镊子、90％丙酮、碳酸镁悬浮液(10 g/L)、5％盐酸。

五、实验方法与步骤

(一)试剂配制

所用试剂为分析纯,水为蒸馏水。

(1)90％丙酮:量取 900 mL 丙酮(CH_3COCH_3)于 1 000 mL 的量筒中,定量到 1 000 mL,保存在棕色试剂瓶中。

(2)碳酸镁悬浮液(10 g/L):用电子天平称取 1 g 碳酸镁($MgCO_3$),加水至 100 mL,搅匀,保存在试剂瓶中待用,用时需再摇匀。

(3)5％盐酸:在搅拌下,将 5 mL 盐酸(HCl)缓慢地加到 95 mL 水中,混匀,保存于滴瓶中。

(二)测定步骤

1.样品制备

量取一定体积的待测水样(海水、湖水、河水、微藻培养液等),混匀后,用 0.45 μm 的滤膜抽滤,每个样品即将抽滤结束时,加入 2 mL 碳酸镁悬浮液,抽滤结束后,将滤膜对折再对折,放于干燥管中,编号后进行下一步测定。如不能马上测定,则保存于-10℃待测定。

2.样品叶绿素的萃取

将带有样品的滤膜放入具塞离心管中,加入 90％丙酮 10 mL,摇荡,盖上盖子,放于0℃~4℃冰箱中 20~24 h,提取叶绿素。由于叶绿素见光容易被氧化破坏,因此以上操作步骤及以下操作步骤尽量在弱光下进行,必要时用黑布遮盖样品。

3.样品离心

将样品从冰箱取出,用冷冻离心机进行离心,离心速度为4 000 r/min,离心时间为 20 min。

4.仪器校准和标准曲线的测定

(1) 叶绿素标准溶液的制备:取一定体积的正处于指数生长期的亚心形扁藻培养液,经抽滤、90％丙酮提取、离心,按实验七的方法用分光光度计测定、计算该提取液的叶绿素 a 浓度。

(2)叶绿素标准系列:根据计算结果,将 90％丙酮提取液的叶绿素 a 的含量调到荧光光度计的线性测定范围(0.8 μg/mL 左右),然后将此浓度的叶绿素 a 提取液稀释3~4 个梯度,作为标准溶液,用于仪器的校准和标准曲线荧光值的测定。

(3)叶绿素标准系列荧光值的测定:设定荧光计的激发波长为 436 nm,发射波长为 670 nm。首先进行零点调节,用 90％丙酮调节,使荧光计指针指零。依次将标准溶液注入比色皿,仔细擦净四周,装入测定池。选择相应量程,测定标准溶液的荧光值 R_1。滴加 2 滴 5％的盐酸,摇匀,30 s 后再测定相应的荧光值 R_2。

(4)换算系数 F 的计算:按下式计算换算系数 F,并计算标准曲线的 F 平均值:

$$F = 叶绿素 a 含量/(R_1 - R_2)$$

5.样品测定

设定荧光计的激发波长为 436 nm,发射波长为 670 nm。将已离心好的样品,依次注入测定池,测定其荧光值 $R_{样品1}$,然后滴加 2 滴 5% 的盐酸,摇匀,30 s 后再测定其荧光值 $R_{样品2}$。记录实验数据,按下式计算水样中的叶绿素 a 的浓度。

$$水样中叶绿素 a 的浓度(\mu g/L) = F_{平均值} \times (R_{样品1} - R_{样品2}) \times (V_0/V)$$

式中,$F_{平均值}$ 为换算系数 F 的平均值,$R_{样品1}$ 为酸化前样品的荧光值,$R_{样品2}$ 为酸化后样品的荧光值,V_0 为样品丙酮提取液的体积(mL),V 为抽滤样品的体积(L)。

六、作业

(1)测出所给样品的叶绿素含量,并将实验数据记录在下表中。

数据记录及结果

重复	$F_{平均值}$	$R_{样品1}$	$R_{样品2}$	V_0(mL)	V(L)	叶绿素 a 的浓度($\mu g/L$)
1						
2						
3						

(2)思考题:

1)水样抽滤时为什么要加入碳酸镁悬浮液?

2)荧光法测定时对玻璃器皿有什么要求?

实验九　浮游植物采集和定量

一、实验目的

掌握浮游植物的采集、沉淀浓缩及定量的常用方法。

二、实验仪器和用品

生物显微镜、载玻片、盖玻片、擦镜纸、纱布、电子天平、采水器、浮游生物计数框(0.1 mL)、计数器、移液器或移液管或定量吸管(0.1 mL)、浮游生物沉淀器、1 000 mL 广口瓶、50 mL 定量瓶、虹吸管、标签纸、碘液、甲醛液、记录本。

三、实验方法与步骤

(一)采样

浮游植物定量采集一般用采水器,常见的采水器有颠倒采水器、有机玻璃采水器(图 2-9-1)、卡盖式采水器(图 2-9-2)等。在需调查的水体中,用合适的采水器采集水样1 000 mL,倒入1 000 mL 的广口瓶中,立即加入 15 mL 的碘液固定。

碘液(鲁哥氏液)的配制方法:将 6 g 碘化钾溶于 20 mL 水中,待其完全溶解后,加入 4 g 碘,充分摇动,待碘全部溶解后定容到 100 mL 即可,保存在棕色试剂瓶中。

采集水样时,每瓶样品必须贴上标签,标签上要记录采集的时间、地点、采水体积等,其他内容应另行作好记录,以备查对,避免错误。

(二)沉淀浓缩

将上述水样带回实验室,摇匀后倒入1 000 mL 浮游生物沉淀器中,经24～36 h 沉淀后,用虹吸管小心吸出上层不含浮游植物的"上清液",注意虹吸时切不可搅动底部,万一动了应重新静置沉淀。剩余30～50 mL 沉淀物转入 50 mL 的定量瓶中,再用上述虹吸出来的"上清液"少许冲洗 3 次沉淀器,冲洗液转入定量瓶中。为防止漂浮水面的某些微小生物等进入虹吸管内,管口应始终低于水面,虹吸时流速流量不可过大,吸至澄清液 1/3 时,应控制流速,使其成滴缓慢流下为宜。

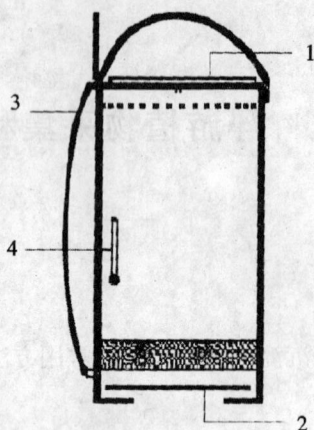

1.进水活门;2.出水活门;3.乳胶管;4.温度计

图 2-9-1　有机玻璃采水器

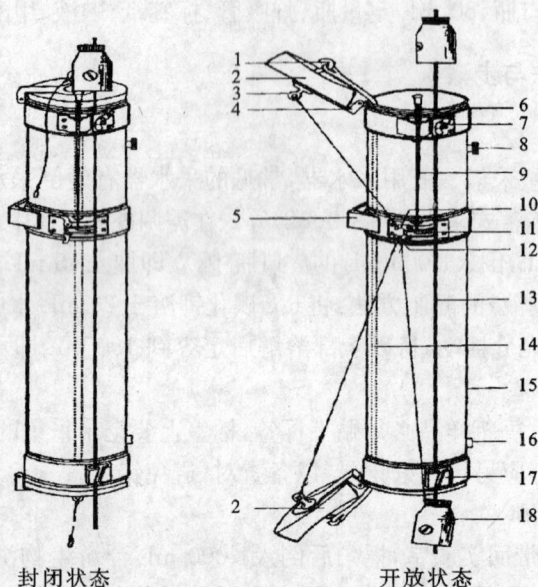

封闭状态　　　　　　　　开放状态

1.内侧拉钩;2.球盖;3.金属环;4.金属活页;5.把手;6.弹簧;7.固定夹螺丝;
8.气门;9.触杆;10.上挂钩;11.弹簧片;12.下挂钩;13.钢丝绳;14.橡皮筋;
15.采水筒;16.出水嘴;17.钢丝绳槽;18.使锤

图 2-9-2　卡盖式采水器

　　浓缩的体积视浮游植物的多少而定,也可根据水的肥瘦确定浓缩体积。浓缩的标准是以每个视野里有十几个藻类为宜。

　　凡以碘液固定的水样,瓶塞要拧紧。还要加入 2‰~4‰的甲醛固定液(福尔马林),即每 100 mL 样品需另加 4 mL 福尔马林,以利于长期保存。

　　(三)计数

　　将浓缩沉淀后的水样充分摇匀后,立即吸取 0.1 mL 样品,注入 0.1 mL 计数框内,小心盖上盖玻片。在盖盖玻片时,要求计数框内没有气泡,样品不溢出计数框。然后在 400~600 倍显微镜下计数。计数时可按需要分成大类,或分属、种计数。优势种类尽可能鉴别到种,其余鉴别到属。根据标本的多寡及浮游植物的大小,可选择全部计数,或计数若干方格,或若干视野。个体较大的浮游植物,可选择全片计数。个体较小的浮游植物,可选择计数若干视野,每片计数 50~100 个视野。视野数可按浮游植物的多少而酌情增减,如平均一个视野不超过 1~2 个浮游植物时,要数 200 个视野以上;如果平均一个视野有 5~6 个浮游植物,要计数 100 个视野;如果平均一个视野有十几个浮游植物,则计数 50 个视野即可。

　　在计数过程中,常碰到某些个体一部分在视野中,另一部分在视野外,这时可规定出现在视野上半圈者计数,出现在下半圈者不计数。或者出现在视野左半圈者计数,出现在右半圈者不计数,依此类推。浮游植物的数量最好用细胞数来表示,对不宜用细胞数表示的群体或丝状体,可求出其平均细胞数。

　　每瓶标本计数 2 片取其平均值,同一样品的 2 片计算结果和平均数之差如不大于其均数的 15%,其均数视为有效结果,否则必须测第 3 片,直至 3 片平均数与相近两数之差不超过均数的 15% 为止,这两个相近值的平均数,即可视为计算结果。

　　(四)数量的计算

　　1 L 水中浮游植物的数量(N)可用下式计算:

$$N = (C_s \times V)/(F_s \times F_n \times U) \times P_n$$

式中,C_s 为计数框面积(mm^2),一般为 400 mm^2;V 为 1 L 水样经沉淀浓缩后的体积(mL);F_s 为显微镜每个视野的面积(mm^2),用台微尺或已标定好的目微尺,测出某个视野的半径,按(πr^2)求出视野的面积(指在该物镜、目镜下视野的面积);F_n 为计数过的视野数;U 为计数框的容积(mL);P_n 为计数出的浮游植物个数。

　　如果计数框、显微镜固定不变,浓缩后的水样体积和观察的视野数也不变,则 C_s、V、F_s、F_n、U 也固定不变,公式中的 $(C_s \times V)/(F_s \times F_n \times U)$ 可视为常数,此常数用 K 表示,则上述公式可简化为 $N = K \times P_n$。

　　P_n 若代表某类浮游植物的个数,则计算结果 N 只表示 1 L 水中这类浮游植物的数量;P_n 若代表各类浮游植物的总数,计算结果 N 则表示 1 L 水中各类浮游植物的总数。前者若求浮游植物的总数将各计算结果相加即可。

（五）生物量的换算

浮游植物个体小，直接称重较困难，且其细胞密度多接近于1，因此浮游植物生物量一般按体积来换算。可用形态相近似的几何体积公式计算细胞体积。细胞体积的毫升数相当于细胞质量的克数。这样体积值（μm^3）可直接换算为质量值（mg），10^9 $\mu m^3 \approx 1$ mg 鲜藻重。

每种藻类至少随机测量20个以上，求出这种藻类个体重的平均值，一般都制成附表供查找。此平均值乘上1 L水样中该种藻类的数量，即得到1 L水样中这种藻类的生物量（mg/L）。

由于同一种类的细胞大小可能有较大的差别，同一属内的差别就更大了，因此必须实测每次水样中主要种类（即优势种）的细胞大小并计算平均质量，其他种类可以参考附表计算。

藻类的生物量可直接作为初级生产力的一种指标，根据几次定期测算的现存量之差亦可估计出生产量。

定量结果应列出总生物量、各门生物量、优势种属。

四、作业

（1）写出浮游植物采集定量的操作步骤。

（2）将计数的结果加以整理，计算出1 L水样中各种属浮游植物的数量、生物量及各门浮游植物的数量、生物量。

（3）根据自己体会，说明在浮游植物采集定量过程中应注意哪些问题？

浮游植物数量、生物量定量记录表

样品名称：　　采样日期：　　采样体积:1 L　　浓缩体积(mL)：　　取样计数体积(mL)：

计数过的视野数：		视野直径：		视野面积：		
种属名	第1片（个）	第2片（个）	2片平均 P_n（个）	数量（个/升）	平均湿重（mg）	生物量（mg/L）
硅藻门						
甲藻门						
其他门类						

实验十　浮游动物采集和定量

一、实验目的

掌握浮游动物的采集、沉淀浓缩及定量的常用方法。

二、实验仪器和用品

生物显微镜、载玻片、盖玻片、擦镜纸、纱布、电子天平、25 号浮游生物网、采水器、浮游生物计数框(0.1 mL、1 mL)、计数器、移液器或移液管或定量吸管(0.1 mL、1 mL)、浮游生物沉淀器、1 000 mL 广口瓶、定量瓶(50 mL、100 mL)、虹吸管、标签纸、碘液、甲醛液、记录本。

三、实验方法与步骤

(一)采样

采集水体中的浮游动物有两种方法:一为用采水器采水后沉淀分离;二为用网过滤。前者适用于原生动物、轮虫等小型浮游动物;后者可用于枝角类、桡足类等甲壳动物。浮游动物采水量要根据它们的个体大小、在水体中的数量而选择不同的采水量。目前常用的采水量,计数原生动物、轮虫的水样以 1 L 为宜,枝角类、桡足类则以 10～50 L 水样较好。

浮游动物样品的固定,原生动物和轮虫可用碘液或福尔马林,加量同浮游植物(一般可与浮游植物合用同一样品)。枝角类和桡足类一般用 5‰福尔马林固定。原生动物、轮虫的种类鉴定需活体观察,为方便起见,可加适当的麻醉剂,如普鲁卡因、苏打水等。

碘液(鲁哥氏液)的配制方法:将 6 g 碘化钾溶于 20 mL 水中,待其完全溶解后,加入 4 g 碘充分摇动,待碘全部溶解后定容到 100 mL 即可,保存在棕色试剂瓶中。

(二)沉淀滤缩

水样中的浮游动物浓缩一般采用沉淀和滤缩的方法。

1.沉淀法

本法适用于计数小型浮游动物(原生动物、轮虫等)的水样(1 L),操作方法与浮游植物定量样品的沉淀和浓缩方法相同。即在 1 000 mL 浮游生物沉淀器中，经 24～36 h 沉淀后，用虹吸管小心吸出上层清液，把沉淀浓缩样品放入试剂瓶中，最后定量为 50 mL。一般的计数可与浮游植物的计数合用一个样品。

2.过滤法

浮游甲壳动物等一般个体较大，在水体中的密度也较低，用于大型浮游动物定量所采集的 10～50 L 水样，通常用 25 号浮游生物网现场过滤浓缩水样，样品集中于 100 mL 的广口瓶中，加入福尔马林溶液固定。市售福尔马林为 40% 左右的甲醛，用时每 100 mL 样品加入 5 mL 左右。

（三）计数

1.原生动物、轮虫、桡足类无节幼体的计数

将浓缩沉淀后的水样充分摇匀后，立即吸取 0.1～1 mL 样品，注入相应的计数框内，小心盖上盖玻片，在低倍镜下进行全片计数。在盖盖玻片时，要求计数框内没有气泡，样品不溢出计数框。一般计数两片，取其平均值，然后换算成 1 L 水中的含量。

2.大型浮游动物的计数

标本数量较少的应全部计数；若数量较多，应先将个体大的标本（如水母、虾类、箭虫等）全部拣出分别计数；其余样品摇匀，从中取出一定体积水样，在解剖镜和显微镜下直接计数，利用所得的结果，推算单位体积中浮游动物的个数。计数时以种为单位计数。优势种、常见种应力求鉴定到种。残损个体，按有头部的计数。

（四）数量的计算

1 L 水中浮游动物的数量（N）可用下式计算：

$$N = (n \times V_1)/(V \times V_2)$$

式中，N 为 1 L 水中浮游动物的个体数（个/升）；n 为取样计数的个体数；V_1 为水样浓缩的体积（mL）；V 为采样体积（L）；V_2 为取样计数的体积（mL）。

例如，取 1 L 水样，浓缩至 50 mL，计数之前充分摇匀后吸取 0.1 mL 样品，计数原生动物两片，获得平均值为 60 个。吸取 1 mL 样品计数轮虫，计数两片获得平均值为 40 个，则

1 L 水中原生动物数量 = (60×50)/(1×0.1) = 30 000(个)

1 L 水中轮虫数量 = (40×50)/(1×1) = 2 000(个)

又如，取 30 L 水样，经 25 号生物网过滤后，滤缩标本全部计数得枝角类 60 个；桡足类 120 个。则

1 L 水中枝角类为 60/30 = 2.0(个)

桡足类为 120/30 = 4(个)

（五）生物量的换算

由于浮游动物大小相差极为悬殊，因此不分大小、类别而只列出一个浮游动物总数有较大的片面性，不能客观对浮游动物进行定量。为了正确地评价浮游动物在水域生态系统中的作用，生物量的测算显得尤为必要。目前，测定浮游动物生物量主要有体积法、排水容积法、沉淀体积法和直接称重法。但此项工作量很大，一般都制成附表供查找。

四、作业

（1）写出浮游动物采集定量的操作步骤。

（2）将计数的结果加以整理，计算出 1 L 水样中各种类浮游动物的数量、生物量及各大类浮游动物的数量、生物量。

（3）根据自己体会，说明在浮游动物采集定量过程中应注意哪些问题。

浮游动物数量、生物量定量记录表

样品名称：　　采样日期：　　采样体积：　　浓缩体积(mL)：　　取样计数体积(mL)：

种属名	第1片(个)	第2片(个)	2片平均 n(个)	数量(个/升)	平均湿重(mg)	生物量(mg/L)
合计						

第三部分
生物饵料培养实验

实验一　常见微藻培养种类的形态观察

一、实验目的

观察并掌握硅藻门、金藻门、绿藻门、蓝藻门、黄藻门的主要形态特征,识别可作为生物饵料的常见培养种类,为后继微藻的分离和培养做准备。

二、实验材料

室内培养的硅藻门、金藻门、绿藻门、蓝藻门、黄藻门样品。

硅藻门 Bacillariophyta

三角褐指藻 *Phaeodactylum tricornutum*

小新月菱形藻 *Nitzschia closterium* f. *minutissima*

牟氏角毛藻 *Chaetoceros muelleri*

纤细角毛藻 *Chaetoceros gracilis*

中肋骨条藻 *Skeletonema costatum*

金藻门 Chrysophyta

球等鞭金藻 3011、8701、塔溪堤品系 *Isochrysis galbana*

湛江等鞭金藻 *Isochrysis zhanjiangensis*

绿色巴夫藻 *Pavlova viridis*

绿藻门 Chlorophyta

扁藻 *Platymonas* spp.

盐藻 *Dunaliella salina*

塔胞藻 *Pyramidomonas* sp.

小球藻 *Chlorella* spp.

微绿球藻 *Nannochloris oculata*

蓝藻门 Cyanophyta

钝顶螺旋藻 *Spirulina platensis*

黄藻门 Xanthophyta

异胶藻 *Heterogloen* sp.

三、实验仪器和用品

生物显微镜、擦镜纸、载玻片、盖玻片、胶头滴管、纱布、吸水纸、碘液等。

四、实验方法与步骤

用胶头滴管吸取液体培养的各种藻类样品,滴到载玻片上(若藻种浓度大用培养液稀释),用显微镜(低倍和高倍)观察细胞的形态大小、色素分布、运动方式,然后用碘液固定样品,观察细胞的鞭毛着生情况(长度、数量)、细胞的内部结构等。

五、实验内容

硅藻门、金藻门、绿藻门、蓝藻门、黄藻门常见培养种类的形态观察与识别。

(一)硅藻门的主要特征及常见培养种类

1.硅藻门的主要特征

硅藻多数为单细胞,也有多种群体。藻体细胞具硅质细胞壁,由上、下两壳套合而成,硅质壁上具有排列规则的花纹。色素有叶绿素 a、叶绿素 c、胡萝卜素、硅藻黄素,藻体呈黄绿色或黄褐色。贮存物质主要为油滴。繁殖方式有营养繁殖、复大孢子、小孢子和休眠孢子等。

2.常见培养种类

(1)三角褐指藻 *Phaeodactylum tricornutum*(图 3-1-1):分类地位为硅藻门羽纹硅藻纲褐指藻目褐指藻科褐指藻属。

三角褐指藻有卵形、梭形、三出放射形三种形态的细胞。这三种形态的细胞在不同培养环境下可以互相转变。在正常的液体培养条件下,常见的是三出放射形细胞和梭形细胞,这两种形态的细胞都无硅质细胞壁。三出放射形态的细胞有三个"臂",臂长皆为 $6\sim8~\mu m$,细胞两臂端间的垂直距离为 $10\sim18~\mu m$。细胞中心部分有一细胞核和 $1\sim3$ 片黄褐色的色素体。梭形细胞长约 $20~\mu m$,有两个略钝而弯曲的臂。卵形细胞长 $8~\mu m$,宽 $3~\mu m$,只有一个硅质壳面,无壳环带,和具有双壳面和壳环带的一般硅藻不同。在平板培养基上培养可出现卵形细胞。

三角褐指藻是贝类和虾类幼体的良好饵料。

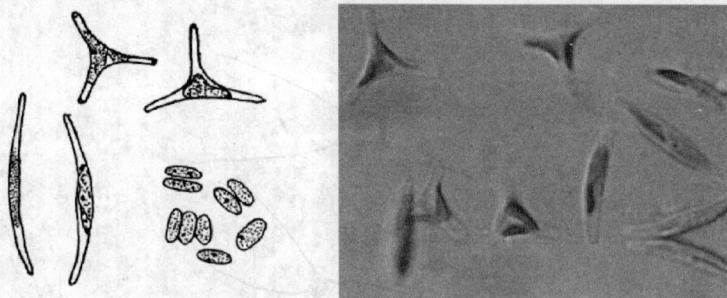

图 3-1-1　三角褐指藻 *Phaeodactylum tricornutum*

（2）小新月菱形藻 *Nitzschia closterium* f. *minutissima*（图 3-1-2）：分类地位为硅藻门羽纹硅藻纲管壳缝目菱形藻科菱形藻属。

小新月菱形藻俗称"小硅藻"，单细胞，具硅质细胞壁，细胞壁壳面中央膨大，呈纺锤形，两端渐尖，笔直或朝同方向弯曲似月牙形。体长为 $12\sim23~\mu m$，宽为 $2\sim3~\mu m$。细胞中央具 1 个细胞核。色素体 2 片，黄褐色，位于细胞中央细胞核两侧。

小新月菱形藻是贝类和虾类幼体的良好饵料。

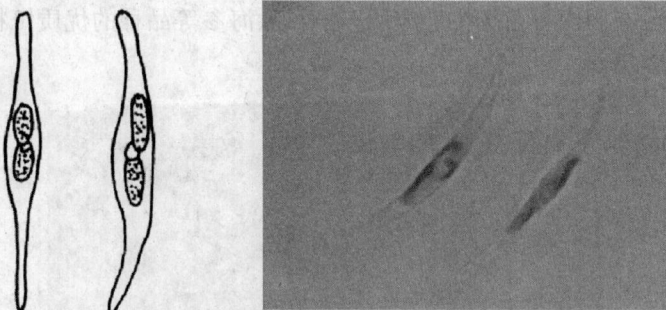

图 3-1-2　小新月菱形藻 *Nitzschia closterium* f. *minutissima*

（3）牟氏角毛藻 *Chaetoceros muelleri*（图 3-1-3）：分类地位为硅藻门中心硅藻纲盒形藻目角毛藻科角毛藻属。

藻体多数为单细胞，有时 2～3 个细胞组成群体。藻体细胞小型，壳面椭圆形到圆形，中央部略凸出。壳环面呈长方形至四角形。细胞大小为（4.0～4.9）$\mu m\times$（5.5～8.4）μm（环面观）。角刺细长，圆弧形，末端稍细，约 $20~\mu m$。色素体 1 个，呈片状，黄褐色。

牟氏角毛藻是对虾、海参等品种的优质饵料，耐高温种类，适合夏季培养。

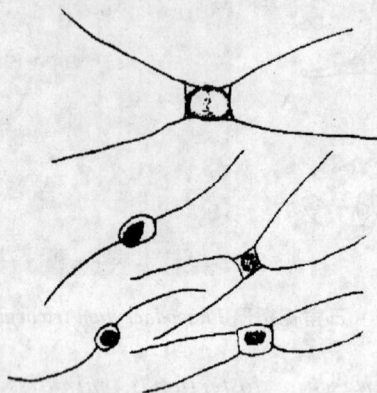

图 3-1-3 牟氏角毛藻 *Chaetoceros muelleri*（自郑重等，1984）

（4）纤细角毛藻 *Chaetoceros gracilis*（图 3-1-4）：分类地位为硅藻门中心硅藻纲盒形藻目角毛藻科角毛藻属。

藻体细胞小型，藻体多为单细胞，有时 2～3 个细胞组成链状，大小为（5～7）μm×4 μm（角毛长 30～37 μm）。该种是 1988 年从美国 Solar Energy Institute 引进的，并已在国内育苗场推广应用，是对虾、海参等品种的优质饵料，耐高温种类，适合夏季培养。

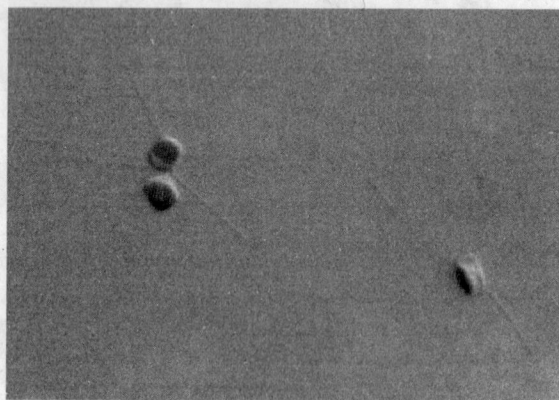

图 3-1-4 纤细角毛藻 *Chaetoceros gracilis*

（5）中肋骨条藻 *Skeletonema costatum*（图 3-1-5）：分类地位为硅藻门中心硅藻纲圆筛藻目骨条藻科骨条藻属。

藻体细胞为透镜形或圆柱形，直径为 6～7 μm，壳面圆而鼓起，着生一圈细长的刺,与临细胞的对应刺组成长链。刺的多少差别很大,有 8～30 条。细胞间隙长短不一,往往长于细胞本身的长度。色素体数目 1～10 个,通常两个,位于壳面,各向一面弯曲。细胞核在细胞中央。

中肋骨条藻是斑节对虾等对虾幼体的优良饵料,广泛应用在南方甲壳类育苗中。

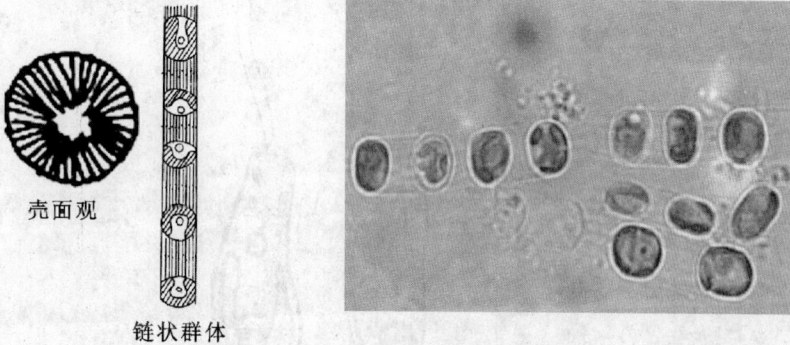

壳面观

链状群体

图 3-1-5 中肋骨条藻 *Skeletonema costatum*

(二)金藻门的主要特征及常见培养种类

1.金藻门的主要特征

多数种类为裸露的运动个体。大多具有 2 条鞭毛。色素有叶绿素 a、叶绿素 c、β-胡萝卜素及金藻素。藻体成金黄色或棕色。色素体数目少,1 个或 2 个。同化产物为白糖素和油滴。

2.常见培养种类

(1)球等鞭金藻 *Isochrysis galbana*(图 3-1-6,图 3-1-7):分类地位为金藻门金藻纲等鞭金藻科等鞭金藻属。

球等鞭金藻为裸露的运动细胞,多少呈椭球形,幼细胞略扁平,有背腹之分,侧面观为长椭圆形。活动细胞长为 5～6 μm,宽为 2～4 μm,厚为 2.5～3 μm。具 2 条等长的鞭毛,长度为体长的 1～2 倍。色素体两个,侧生,大而伸长,形状和位置常随身体的变化而变化。细胞具有一个小而暗红的眼点。储藏物是油滴和白糖素,随着细胞的老化,白糖素的体积逐渐增大,直至充满细胞的后部。

球等鞭金藻有 3 个常见的生态品系:第一个是从山东海阳县海水中分离的高温品系球等鞭金藻 3011。第二个是从山东日照市海水中分离的低温品系球等鞭金藻 8701。8701 和 3011 形态上略有差异,8701 的细胞长,宽度比较小,鞭毛较短。第三个是等鞭金藻塔溪堤品系(Tahitian *Isochrysis galbana*),简称塔溪堤,最初从塔溪堤(南太平洋的一个岛屿)养殖水体分离筛选而得,属高温品系。

　　球等鞭金藻可以作为扇贝、贻贝等多种双壳类幼虫、刺参幼虫和对虾幼体的饵料,效果良好。

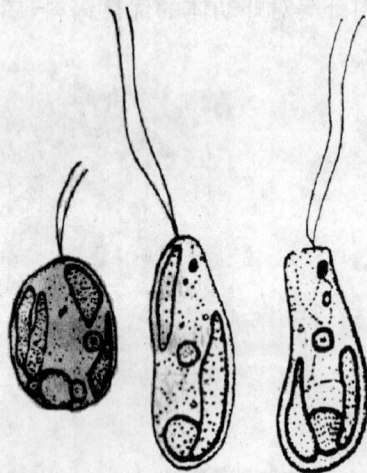

图 3-1-6　球等鞭金藻 *Isochrysis galbana*

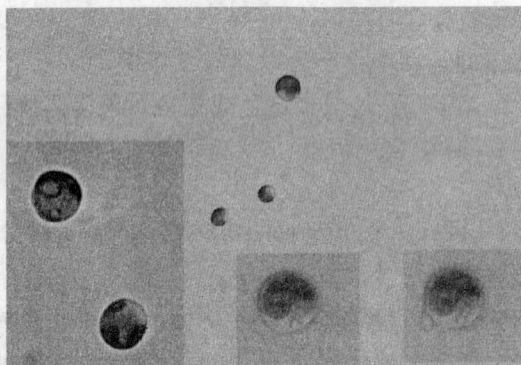

图 3-1-7　球等鞭金藻 8701

　　(2)湛江等鞭金藻 *Isochrysis zhanjiangensis*(图 3-1-8,图 3-1-9):分类地位为金藻门金藻纲等鞭金藻科等鞭金藻属。

　　湛江等鞭金藻是 1977 年从广东省湛江市南三岛分离获得的藻种。当时经胡鸿钧教授初步鉴定,暂定名为湛江叉鞭藻。1986~1989 年胡鸿钧和刘惠荣,对该藻进行了微形态学研究,确认它是等鞭藻属一新种,定名为湛江等鞭金藻。

　　湛江等鞭金藻的运动细胞多为卵形或球形,大小为(6~7) μm×(5~6)

μm。具有两条等长的鞭毛，从细胞前端伸出。两条鞭毛中间有一呈退化状的附鞭。色素体两片，侧生，金黄色，细胞核位于细胞后端两片色素体之间。一个或几个白糖素颗粒位于细胞中部或前端。

　　湛江等鞭金藻是双壳类软体动物和海参类幼虫的优质饵料，在我国沿海广泛培养。

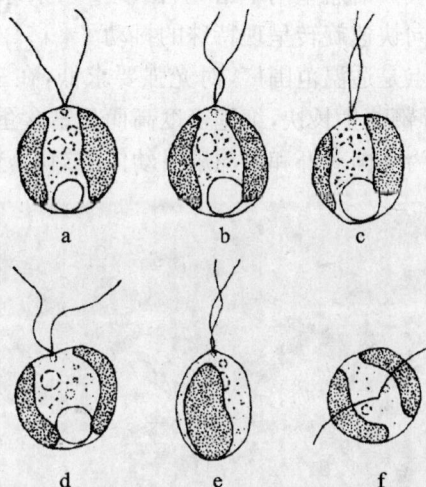

图 3-1-8　湛江等鞭金藻 *Isochrysis zhanjiangensis*（转引自陈明耀等，1995）

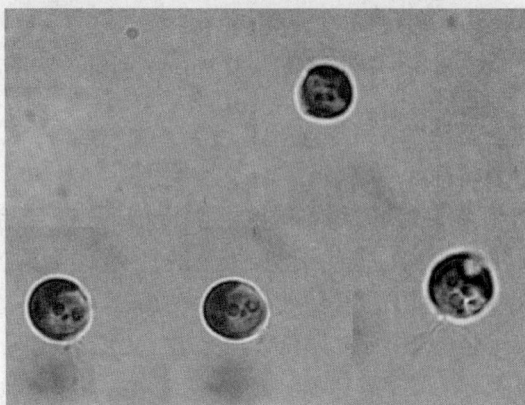

图 3-1-9　湛江等鞭金藻 *Isochrysis zhanjiangensis*

　　(3)绿色巴夫藻 *Pavlova viridis*（图 3-1-10）：分类地位为金藻门普林藻纲巴夫藻目巴夫藻科巴夫藻属。

　　绿色巴夫藻，又称之为 3012，是 1982 年从山东海阳县海头镇的海水样品中分离而得。细胞为运动型单胞体,无细胞壁,正面观呈圆形,侧面观为椭圆形或倒卵形,细胞大小为 $6.0\ \mu m \times 4.8\ \mu m \times 4.0\ \mu m$。光学显微镜下能见到一条长的鞭毛,休止时呈 S 型拂动,长度是细胞体长的 $1.5 \sim 2$ 倍。色素体一个,裂成两大叶围绕着细胞。有两个发亮的光合作用产物——副淀粉位于细胞的基部。

绿色巴夫藻的群体细胞呈淡黄绿色至绿色。有微弱趋光性,培养旺盛时,密集的藻细胞从培养液表面沿瓶壁向下游动,出现 1 条条绿色线状的下沉流。细胞运动是向逆时针方向快速旋转呈现特殊的抖动。

该藻类的主要特点是适温范围广,对光强要求低,在三四月份温度偏低、光线不强的条件下,比等鞭藻生长快,细胞密度高而且富含蛋白质。适宜我国北方三四月份培养。可作为中国对虾和海湾扇贝幼体的饵料,效果良好。

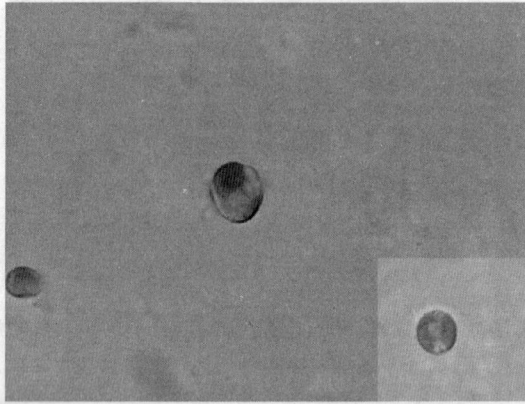

图 3-1-10   绿色巴夫藻 *Pavlova viridis*

(三)绿藻门的主要特征及及常见培养种类

1.绿藻门的主要特征

绿藻门藻体细胞色素以叶绿素为主,并含有叶黄素和胡萝卜素,故呈绿色。色素体是绿藻细胞中最显著的细胞器,一般具有 1 或多个蛋白核。绝大多数有细胞壁,细胞壁内层为纤维素,外层为果胶质。大多具 1 个细胞核,少数多核。运动细胞具有等长的鞭毛,常为 2 条,少数为 4 条,顶生。

2.常见培养种类

(1)扁藻 *Platymonas* spp.(图 3-11):分类地位为绿藻门绿藻纲团藻目衣藻科扁藻属。

藻体一般扁压,细胞前面观呈广卵形,前端较宽阔,中间有一浅的凹陷,鞭毛4 条,由凹处伸出。细胞内有一大型、杯状、绿色的色素体。藻体后端有一蛋白核,蛋白核附近具一红色眼点。青岛大扁藻有出现多眼点的情况。

常用的有青岛大扁藻和亚心形扁藻。青岛大扁藻体长为 16～30 μm，一般为 20～24 μm，宽为 12～15 μm，厚为 7～10 μm。亚心形扁藻体长为 11～16 μm，一般为 11～14 μm，宽为 7～9 μm，厚为 3.5～5 μm。

扁藻的适应力较强，生长繁殖迅速，较容易培养，是许多贝类幼体（特别是后期幼体）的良好饵料。但因其个体较大，运动迅速，在贝类早期幼体（D 形幼体）期较难摄食，若和较理想的早期幼体饵料（如球等鞭金藻）配合使用，能取得良好的育苗效果。

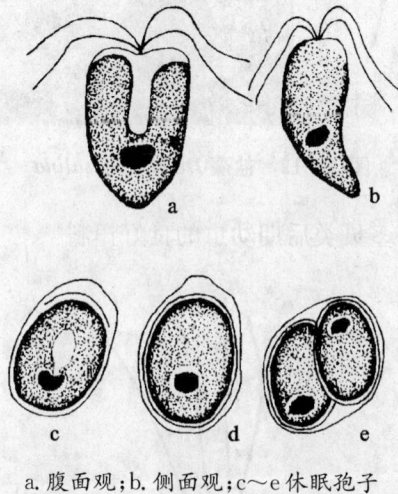

a. 腹面观；b. 侧面观；c～e 休眠孢子

图 3-1-11　亚心形扁藻 *Platymonas subcordiformis*（自陈明耀等,1995）

（2）盐藻 *Dunaliella salina*（图 3-1-12）：分类地位为绿藻门绿藻纲团藻目盐藻科盐藻属。

藻体单细胞，无细胞壁，体形变化大，通常为梨形、椭圆形等，在藻体前端生出两根鞭毛，比藻体约长 1/3。一般细胞长为 22 μm，宽约 14 μm。

盐藻细胞内能储存大量经济价值较高的甘油和胡萝卜素等有机化合物，可通过大量培养盐藻提取胡萝卜素。此外，盐藻培养刺参幼体效果良好。

（3）塔胞藻 *Pyramidomonas* sp.（图 3-13）：分类地位为绿藻门绿藻纲团藻目盐藻科塔胞藻属。

藻体为单细胞，多数梨形、侧卵形，少数半球形。细胞长为 12～16 μm，宽为 8～12 μm，前端具一圆锥形凹陷，由凹陷中央向前伸出四条鞭毛，色素体杯状，少数网状，具一个蛋白核。眼点位于细胞的一侧或无眼点，细胞单核，细胞核位于细胞的中央偏前端。不具细胞壁，易为幼虫消化吸收。这种藻很容易培养，一般采用扁藻的培养条件及营养盐配方就能使之生长良好。塔胞藻耐温下限比扁藻低。藻细胞常群集于培养水体上层,便于使用时撇取较浓的藻液。

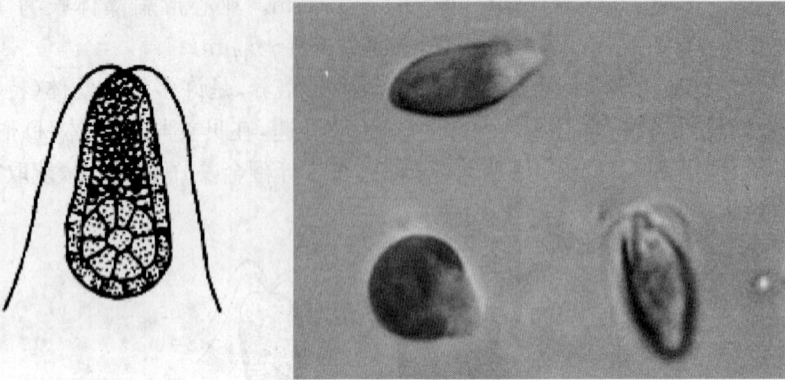

图 3-1-12　盐藻 *Dunaliella salina*

塔胞藻是亲贝和许多贝类后期幼虫的良好饵料。

图 3-1-13　塔胞藻 *Pyramidomonas* sp.(自胡鸿钧等,1980)

　　(4)小球藻 *Chlorella* spp.(图 3-1-14):分类地位为绿藻门绿藻纲绿球藻目小球藻科小球藻属。

　　小球藻的细胞球形或椭球形,大小因种类而有所不同,直径为 $2 \sim 12\ \mu m$。在人工培养情况下,由于环境条件的差异往往使小球藻细胞缩小或变大。小球藻细胞内有一杯状或板状色素体,色素体内一般有一个淀粉核,有的种类淀粉核明显,有的种类则不明显。小球藻多用于培养轮虫。

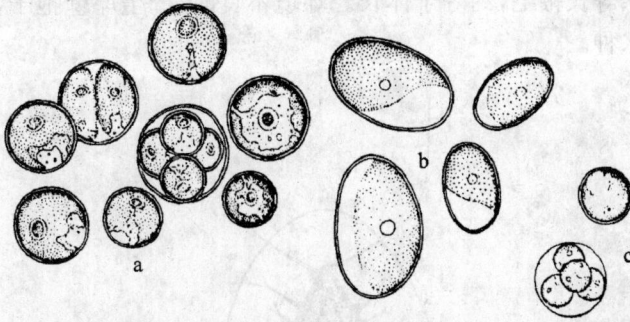

a.普通小球藻 *C. vulgaris*；b.蛋白核小球藻 *C. ellipsoidea*；

c.椭圆小球藻 *C. pyrenoidesa*

图 3-1-14　小球藻 *Chlorella* spp.（自胡鸿钧等,1980）

(4)微绿球藻 *Nannochloris oculata*（图 3-1-15）：分类地位为绿藻门绿藻纲绿球藻目绿球藻科微绿球藻属。

微绿球藻细胞球形,直径为 $2\sim4~\mu m$。色素体 1 个,淡绿色,侧生。眼点圆形,淡橘红色。没有蛋白核,有淀粉粒 $1\sim3$ 个,明显,侧生。细胞壁极薄,幼年细胞看不到,在分裂之前才明显可见。微绿球藻多用于培养轮虫。

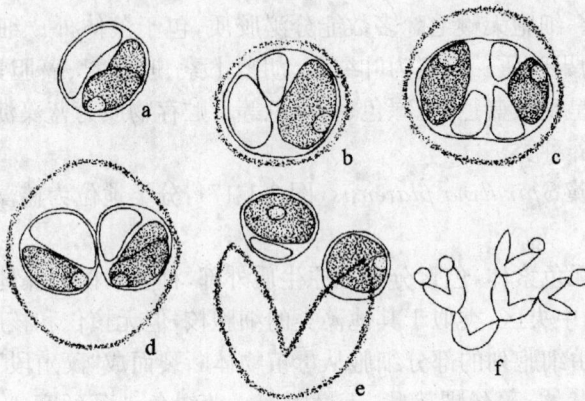

a~e.细胞分裂阶段；f."群体"形成

图 3-1-15　微绿球藻 *Nannochloris oculata*（自 Droop，1955）

(5)雨生红球藻 *Haematococcus pluvialis*（图 3-1-16）：分类地位为绿藻门绿藻纲团藻目红球藻科红球藻属。

藻体单细胞,为椭球形到卵形。细胞壁与原生质体之间有一定间距,充满胶状物质。两条等长鞭毛,约等于体长。环境不良时,产生厚壁孢子,积累大量的虾青素。淡水种。

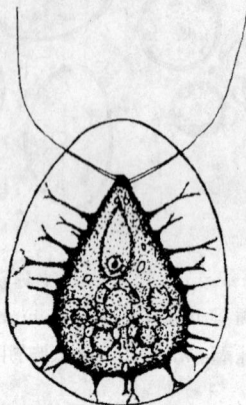

图 3-1-16　雨生红球藻 *Haematococcus pluvialis*（自胡鸿钧等,1980）

（四）蓝藻门的主要特征及常见培养种类

1. 蓝藻门的主要特征

蓝藻为原核生物,无真正的细胞核。藻体多群体或丝状体,单细胞种类较少。形态多样。细胞无鞭毛。多数能分泌胶质,包于藻体外。细胞壁的内层为纤维质,外层为果胶质。色素为叶绿素、胡萝卜素、叶黄素、藻胆素（蓝藻的特征性色素）,藻体呈现淡蓝色、蓝绿色、黄绿色等。贮存物质为蓝藻淀粉。

2. 常见培养种类

钝顶螺旋藻 *Spirulina platensis*（图 3-1-17）:分类地位为蓝藻门蓝藻纲颤藻目螺旋藻属。

藻体细胞无色素体,色素分布在原生质外部,称色素区。藻体蓝绿色。原生质内部无色,为中央区,类似于其他藻类的细胞核,但无核仁和核膜,故称原核植物。丝状种类由细胞列的部分细胞从母植物体断裂而成"藻殖段"。钝顶螺旋藻的植物体为丝状体,藻丝螺旋状,无横隔壁。蓝绿色。藻丝宽 4～5 μm,长 400～600 μm。藻丝的顶端细胞钝圆,无异形胞。

螺旋藻营养丰富、容易消化、采收方便,水产养殖业可应用螺旋藻干品或鲜品饲养对虾幼体和亲贝,以及作为鱼、虾饲料的添加剂,效果显著。

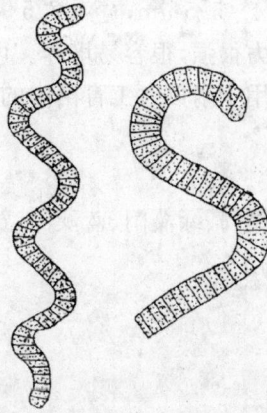

图 3-1-17　钝顶螺旋藻 *Spirulina platensis*（仿杨娜，1986）

（五）黄藻门的主要特征及常见培养种类

1.黄藻门的主要特征

藻体为单个细胞或群体，或是多细胞的丝状体。细胞壁由 U 形或 H 形的两节片套合而成。运动细胞具两条不等长的鞭毛。色素有叶绿素 a、叶绿素 c、β-胡萝卜素及叶黄素。藻体呈黄绿色或黄褐色。贮藏物质为油滴和白糖素。

2.常见培养种类

异胶藻 *Heterogloea* sp.（图 3-1-18）：分类地位为黄藻门黄藻纲异球藻目异胶藻属。

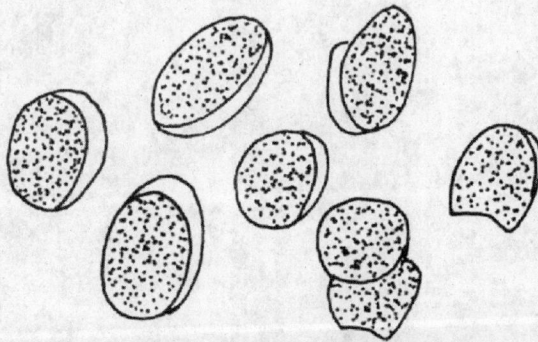

图 3-1-18　异胶藻 *Heterogloea* sp.（仿陈世杰，1979）

异胶藻细胞多为椭球形。内有一块侧生的黄绿色色素体,几乎占细胞的大部分。无蛋白核。细胞长为 $4\sim5.5\ \mu m$,宽为 $2.5\sim4\ \mu m$。

异胶藻对环境的适应能力很强,很容易培养。可作为紫贻贝、泥蚶和杂色蛤幼体的饵料;现在,也开始应用于扇贝人工育苗中的幼虫投喂。

六、作业

(1)观察识别硅藻门、金藻门、绿藻门、蓝藻门、黄藻门的常见培养种类。

(2)按教师指定种类绘图。

实验二　生物饵料个体及
筛网孔径大小的测量

一、实验目的

(1)学会并掌握使用目微尺和台微尺在显微镜下测量物体大小。
(2)对各种生物饵料和筛网孔径大小有直观认识。

二、实验材料

三角褐指藻,纤细角毛藻,球等鞭金藻,盐藻,褶皱臂尾轮虫,卤虫休眠卵,各种规格的筛网小片。

三、实验仪器和用品

光学显微镜、目微尺、台微尺、擦镜纸、载玻片、盖玻片、胶头滴管、碘液、吸水纸等。

四、实验方法与步骤

1. 目微尺的校正

目镜测微尺也称目微尺(图 3-2-1),为一圆形光学玻璃片,可被安装到光学显微镜的目镜中。玻片直径为 20～21 mm,上面刻有标尺,标尺有直线式的,也有网式的。直线式标尺通常用于测量长度,一般分为 50 或 100 个小格。网式标尺通常用于测量面积,上面刻有的方格的大小和数目各不相同,有 25 格、36 格、49 格、100 格等。

由于显微镜物镜下的物体经过放大,而目镜中的目微尺没有被放大,因此,当以目微尺为参照物,目微尺的每一格刻度线的测量长度因显微镜物镜的放大倍数的不同而不同。故必须用台微尺进行校正,以求得在特定的放大倍数下,目微尺每一格线所代表的真实长度。

台测微尺也称台微尺,是一片中央部分刻有精确等分线的载玻片,如图 3-2-2 所示,中央的标尺全长一般为 1 mm,等分成 100 个小格,每小格的实际长度为 1/100 mm,即 10.0 μm。也有全长为 2 mm,共分为 200 个小格,每小格长度不变。

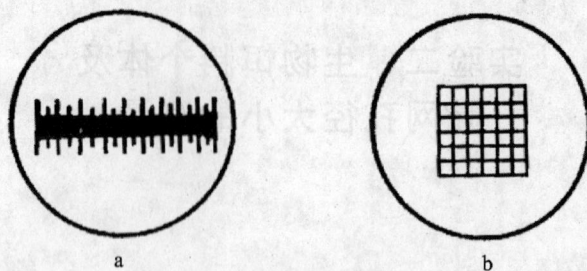

a. 直线式；b. 网式

图 3-2-1　目微尺

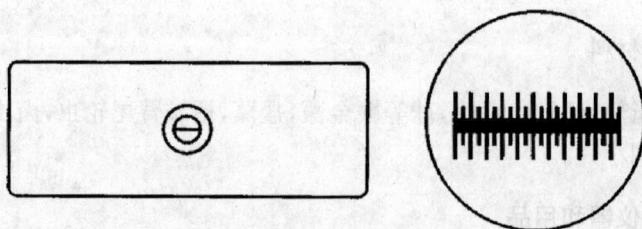

图 3-2-2　台微尺（自陈明耀等，1995）

当要校正目测微尺时，先将显微镜的目镜取下，旋开目镜，将目测微尺装入目镜镜筒内的搁板上，然后旋紧目镜。注意，目测微尺的有刻度面应朝上。将带有目测微尺的目镜重新装好，此时观察目镜可见视野中央有一刻度尺。确认目测微尺的刻度线清晰明了。若刻度线不清楚，则需将目测微尺重新取出，用擦镜纸小心擦拭后重新安装。

将台测微尺置于显微镜的载物台上，先用低倍镜观察，调节调焦旋钮和光栅，直至看清楚台测微尺的刻度线。旋转目镜，使目测微尺与台测微尺平行。移动载物台的推进器，先使两尺重叠，再使两尺在视野的左方某一刻度完全重合。然后从左到右寻找第二个完全重合的刻度。并计数两重合线段之间目测微尺和台测微尺的格数。由于台测微尺的刻度是镜台上的实际长度（10 μm），故可通过下列公式计算出当前放大倍数下目测微尺每格的测量长度：

目测微尺每格长度（μm）＝两重叠刻度之间台测微尺的格数×10/两重叠刻度之间目测微尺的格数。

同样，将物镜转换成高倍物镜，再次校正在高倍镜下目测微尺每格的测量长度。校正完毕，将台测微尺擦拭干净后小心放好。

2.测量

取 1 个干净的载玻片,用吸管吸 1 滴微藻样品,小心地加好盖片后在显微镜下观察。调好焦距,转动目微尺,测出其长、宽各等于目微尺多少格。再由已经计算出的相应的放大倍数下目微尺每格的长度(μm)。算出生物饵料个体的长,宽的实际长度。

将轮虫用碘液固定后,在低倍镜下测量轮虫背甲的长、宽。

取少量卤虫休眠卵,在低倍镜下测量卤虫休眠卵的直径。

在测定筛网孔径大小时,先在载玻片上滴加一滴水,将一小片筛网放在水滴上,然后在其上加盖盖玻片,测量其孔径(内径)的长宽。

五、作业

(1)写明所用的显微镜高、低倍镜的放大倍数及在高、低倍镜下目微尺每格的实际长度(μm)。

数据记录及结果

放大倍数	目微尺每格的长度(μm)

(2)测量三角褐指藻、纤细角毛藻、球等鞭金藻、盐藻、褶皱臂尾轮虫、卤虫休眠卵的大小,每种测量 3 次,取平均值。

数据记录及结果

生物饵料种类	长度(μm)				宽度(μm)			
	1	2	3	平均值	1	2	3	平均值
三角褐指藻								
纤细角毛藻								
球等鞭金藻								
盐藻								
轮虫								
卤虫休眠卵								

（3）测量 80 目、100 目、120 目和 200 目四种筛网的孔径大小，每种测量 3 次，取平均值。

数据记录及结果

筛网规格	孔径大小			
	1	2	3	平均值
80 目				
100 目				
120 目				
200 目				

（4）思考题：

1）说明测量筛网孔径时滴水的目的。

2）根据自己体会，说明如何使测量结果更准确？

实验三　微藻的定量方法——血球计数板法

一、实验目的

了解血球计数板的构造、计数原理和计数方法,掌握用血球计数板法测微藻密度的方法。

二、实验材料

新月菱形藻、球等鞭金藻、亚心形扁藻。

三、实验仪器和用品

生物显微镜、血球记数板、血盖片、计数器、擦镜纸、纱布、吸水纸、微吸管、胶头滴管、5~10 mL 小烧杯、移液管(移液器)、碘液。

四、实验方法与步骤

1. 观察血球计数板

血球计数板(图 3-3-1)是用一块比普通载玻片厚的载玻片特制而成。板的中部有一部分比两边低0.1 mm,两边有沟,在此部分的中央划线为一具准确面积的大、小方格,其中有9个大格,每一大格的面积是1 mm^2。在四角及中央的

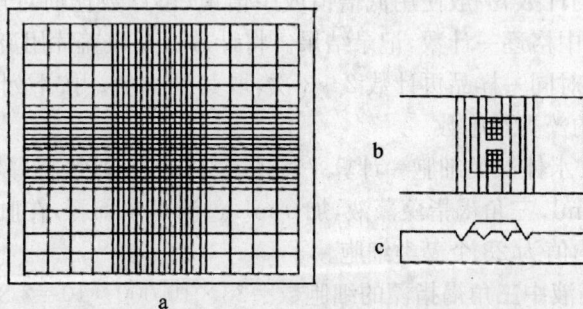

a.计数室刻度放大;b.计数板正面观;c.计数板侧面观

图 3-3-1　血球计数板的构造

大格又各分为 16 个中格。在中央的大格每一中格又分为 25 个小格,共 400 个格(也有一种记数板是 25 中格×16 小格的,总数也是 400 格)。当加血盖片后,每一大格即形成一个体积为0.1 mm³的空间。

2. 定量前准备工作

定量前先清洗一个容量为 5~10 mL 的小烧杯取样。由于微藻细胞在培养液中分布是不均匀的,尤其是具有运动能力的种类更明显。所以在取样前必须进行摇动,摇动后,立即取样,取样的量为 1~2 mL,一般用移液管取样。如果样品细胞是有运动能力的,必须加 1~2 滴碘液杀死才能计数。如果细胞的浓度太大,记数困难,则必须把样品稀释到适宜的浓度。以上两种处理可以同时进行。例如,要把藻类细胞杀死并稀释 3 倍,可用移液管吸取藻液 1 mL,放入一个容量为 5~10 mL 的小烧杯中,再吸取已经加入碘液(鲁哥氏液)的过滤海水 2 mL,放入瓶中。

3. 微藻密度的测定

把血球记数板及血盖片水洗清洁,擦干,平放在桌子上,并盖好血盖片。然后开始摇动样品瓶,使细胞分布均匀,摇动后,立即用一支干的微吸管吸取藻液,迅速把吸管口放到记数板上的血盖片边缘处,轻压橡皮头使水样流入记数板内。注意控制水样流入量,不能过多,过多则流到沟内,也不能过少,应充满划线方格及其周边部分,还应注意不能有气泡,如果不合格,应重做。然后,稍停 1 min,待水样细胞沉降到玻片表面后,在显微镜下计数。

计数时,在显微镜下仔细调焦,同时调节光栅,必要时调节光源和反光镜角度,直至细胞和纵横格线都清楚。计数时,小心移动载物台,从上到下,由左及右或由右及左依次计数各方格内的细胞数。凡压方格的上线和左线的细胞,统一算此方格内的细胞,而压方格的下线和右线的细胞,统一不算此方格内的细胞。

藻类细胞的计数,一般使用低倍镜或中倍镜,可计数任何对角两个大格,把大格中的 16 个中格逐一计数,记录结果。将计数板及血盖片用流水冲洗,擦干,重复上述步骤,对同一样品再计数 2~3 次,取其平均值。按下列公式计算每毫升藻液内所含的藻类细胞数。

1 mL 水体藻类细胞＝计算平均值×10 000×藻液稀释倍数

例如,取 1 mL 三角褐指藻藻液,加 9 mL 过滤海水稀释,在血球记数板上计算一大格的平均值为 28 个藻类细胞。

则 1 mL 藻液中三角褐指藻的细胞数＝28×10 000×10＝2 800 000(个)

测数完毕,取下血盖片,用水将血球计数板冲洗干净,切勿用硬物洗刷或抹擦,以免损坏网格刻度。洗净后自行晾干或用吹风机吹干,放入盒内保存。

五、作业

（1）要求测出新月菱形藻、球等鞭金藻、亚心形扁藻的密度，每个样品测 4 次，取平均值。

数据记录及结果

藻种	血球计数板 1 个大格细胞数					稀释倍数	细胞密度 10^4/mL
	1	2	3	4	平均值		
新月菱形藻							
球等鞭金藻							
亚心形扁藻							

（2）思考题

1）能否用血球计数板在油镜下进行计数？为什么？

2）根据自己体会，说明血球计数板计数的误差主要来自哪些方面？如何减少误差？

实验四　微藻的分离方法——微吸管分离法

一、实验目的

掌握用微吸管分离微藻的方法。

二、实验材料

有污染的微藻培养液。

三、实验仪器和用品

显微镜、高压灭菌锅、低速离心机、离心管、微型旋蜗混合器、移液管（移液器）、酒精喷灯、酒精灯、载玻片、0.5 cm×0.5 cm 小载玻片、擦镜纸、纱布、胶头滴管、玻璃管（内径 0.2～0.3 cm）、医用乳胶管（内径 0.2～0.3 cm）、试管、脱脂棉、标签纸、镊子、烧杯、f/2 培养基（硝酸钠、磷酸二氢钠、硅酸钠、硫酸锌、硫酸铜、氯化锰、柠檬酸铁、钼酸钠、乙二铵四乙酸钠、氯化钴、维生素 B_1、维生素 B_{12}）。

四、实验方法与步骤

1. 藻种纯化

藻种纯化的目的是去除细菌，目前多采用离心洗涤技术，细菌和微藻一般可以较容易地通过离心和在无菌培养液中洗涤来分开。取生长旺盛的微藻培养液置于一个 15 mL 灭菌厚壁离心管中，在大约 2 000 r/min 离心 1～2 min，弃去上清液，加入新的灭菌培养液悬浮藻细胞，再离心。重复这一过程至少 5 次。最后一次离心后，弃去上清液，加入 1 mL 培养液悬浮藻细胞，备用。

2. 微吸管的制备

取内径 0.2～0.3 cm 的细玻璃管，在酒精喷灯上加热，待熔时，快速拉成口径极细的微吸管。检查拉好的微吸管是否通气，将其放在盛水的烧杯中，看管中是否有段水柱。若拉的不好，可在酒精灯上整理。

3. 藻种分离

在微吸管的一端套 1 条长约 30 cm（长）或 8 cm（短）的医用乳胶管，在分离操作时,如果是长乳胶管用牙齿咬紧,如果用短乳胶管则用手指压紧,用以控制吸取动作。将稀释适度的藻液水样,置载玻片上,在显微镜下观察、挑选要分离的藻细胞,吸取时把微吸管口对准藻细胞,然后将牙齿或手指放松,由于气流的关系,藻细胞被微吸管吸入。接着把吸入的水滴放在另一特制的经消毒的小载玻片(0.5 cm×0.5 cm)上,镜检这一滴水中是否是所需要分离的藻类细胞。如分离不成功,需反复几次,直到达到分离目的,然后将含有所需分离藻类细胞的小载玻片直接移入装有培养液并经过灭菌的试管中,在适宜的温度、光照条件下进行培养。待培养液呈现出藻体的颜色,再用显微镜检查,如无其他生物混杂,才达到分离的目的。待藻类生长到一定量时,再移入小型三角烧瓶中培养或保藏。

　　注意:分离过程采用无菌操作,载玻片在酒精灯上灼烧消毒,微吸管每次吸完细胞后在沸水中消毒。

　　微吸管分离法,操作技术要求高,分离时要细心,往往吸取一个细胞,要反复几次才能成功,此法适宜于分离个体较大的藻类,个体较小的藻类用此法分离较为困难。

五、作业

(1)简述微吸管法分离藻种的步骤。

(2)要求每人分离 3 个试管,至少分离出一株纯的藻种。

(3)根据自己体会,说明微吸管法还有哪些需要改进的地方?

实验五 微藻的分离方法——平板分离法

一、实验目的

掌握用平板分离微藻的技术。

二、实验材料

有污染的微藻培养液。

三、实验仪器和用品

显微镜、高压灭菌锅、超净工作台、低速离心机、离心管、微型旋蜗混合器、移液管（移液器）、酒精灯、擦镜纸、纱布、胶头滴管、玻璃管（内径 0.2～0.3 cm）、医用乳胶管（内径 0.2～0.3 cm）、5 000 mL 三角烧瓶、1 000 mL 三角烧瓶、试管、脱脂棉、标签纸、镊子、烧杯、中试管、培养皿、接种针、喷雾器、分装漏斗、f/2 培养基（硝酸钠、磷酸二氢钠、硅酸钠、硫酸锌、硫酸铜、氯化锰、柠檬酸铁、钼酸钠、乙二铵四乙酸钠、氯化钴、维生素 B_1、维生素 B_{12}）、琼脂。

四、实验方法与步骤

1.藻种的纯化

纯化的目的是去除细菌，目前多采用离心洗涤技术，细菌和微藻一般可以较容易地通过离心和在无菌培养液中洗涤来分开。取生长旺盛的微藻培养液置于一个 15 mL 灭菌厚壁离心管中，在大约 2 000 r/min 离心 1～2 min，弃去上清液，加入新的灭菌培养液悬浮藻细胞，再离心。重复这一过程至少 5 次。最后一次离心后，弃去上清液，加入 1 mL 培养液悬浮藻细胞，备用。

2.平板培养基的制备

（1）调配：按分离种类的需要选用合适的营养盐配方配成培养液，加 1%～1.5%琼脂。

（2）融化：把培养液加热，不断搅拌，使琼脂完全融化。在加热过程中，水分要蒸发不少，在加热完毕应以蒸馏水补充蒸发掉的水分。

（3）分装：稍冷后即分装于培养皿中，装的厚度依培养皿大小而定，一般为

0.3～0.5 cm。

（4）灭菌：将培养皿用牛皮纸包好，在高压蒸气灭菌锅中灭菌。

3.平板分离方法

经灭菌的固体培养基冷却后，培养基凝固成固体状态，即可进行分离。

划线法：把一个金属接种环在酒精灯火焰上灭菌后，蘸取需要分离的藻液轻轻地在平板上划折线。

喷雾法：将需要分离的藻液稀释，装入经消毒过的小型喷雾器中，打开培养皿盖，把藻液喷射在培养皿表面形成分布均匀的一薄层水珠。

用喷雾法或划线法接种后，盖上培养皿盖子，放在适宜的光照条件下培养。培养一段时间后，在培养基上可出现互相隔离的藻类群落，通过显微镜检查，寻找需要的纯藻群落，然后用消毒过的接种针从培养基上取出，移植到装有培养液并经过灭菌的容器中培养。培养一段时间后，再进行显微镜检查，若无其他生物混杂，才达到单种培养目的。如果不成功，则应重做。

五、作业

（1）简述平板分离法分离藻种的步骤。

（2）要求每人分离 3 个培养皿，至少分离出一株纯的藻种。

（3）根据自己体会，说明平板分离法还有哪些需要改进的地方？

实验六　漂白粉有效氯含量的测定——蓝黑墨水法

一、实验目的

掌握用蓝黑墨水法快速测定漂白粉有效氯含量的方法。

二、实验原理

在微藻的培养过程中,工具、容器和海水的消毒经常使用漂白粉。漂白粉能起到消毒作用的是其中所含的有效氯。这种氯含量极不稳定,易与空气中的二氧化碳化合而不断消失,同时也容易从空气中吸收水分潮解成半流动体,并很快分解产生次氯酸而逸散。因此在使用时,如果不预先测定有效氯含量,仅以出厂时标明的氯含量来计算漂白粉使用量,往往达不到预期效果。为了能准确地掌握使用量,必须在使用前测定其有效氯含量。

蓝墨墨水法是一种快速测定漂白粉有效氯含量的方法,原理是蓝墨墨水能为有效氯所漂白,所以可根据消耗蓝墨水的体积计算漂白粉中有效氯的含量。

三、实验器材

白瓷碗、玻璃棒、100 mL 量杯、蓝黑墨水一瓶(选择未掺水和没有产生沉淀的)、1 mL 刻度吸管、药用小天平。

四、实验方法与步骤

(1)称取需测定的漂白粉 5 g。

(2)用水(冷开水或一般干净的水)将漂白粉混合并碾碎,稀释到 100 mL,充分搅拌后静置。

(3)待溶液澄清后,用吸管吸取一定量的上清液,一滴一滴地滴于白瓷碗中,共滴 38 滴(不能多滴也不能少滴),记下共用去上清液的毫升数,计算出每一滴溶液所用去的毫升数。

(4)将上面所用过的吸管洗净擦干,吸取少量蓝黑墨水在管壁内转动后倒掉(这是避免管壁上可能存留的少量水分,使墨水的浓度变稀),然后再吸取定量的蓝黑墨水向碗中的漂白粉上清液进行滴定,边滴边用玻璃棒搅拌均匀,溶液颜色由棕色变为黄色,最后出现稳定的蓝绿色时,完成滴定,记下所用的蓝黑墨水的毫升数。

(5)计算:

$$漂白粉含氯量(\%)=\frac{消耗蓝黑墨水的毫升数}{每一滴上清液的毫升数}\times\frac{1}{100}$$

例:漂白粉上清液滴了 38 滴,共用去 2 mL,每一滴所用的毫升数为:

$$2\ mL\div38=0.05\ mL$$

滴定漂白粉上清液所用蓝黑墨水为 1 mL,漂白粉的含氯量为:

$$漂白粉含氯量=\frac{1\ mL}{0.05\ mL}\times\frac{1}{100}=20\%$$

(6)注意事项:

1)滴定漂白粉上清液及滴蓝黑墨水时,都要把吸管垂直,这样滴出的每一滴量较为均匀。

2)漂白粉加水搅拌,静置澄清后的上清液,测定要在半小时内完成,所得的结果才基本一致,因此动作要快。注意取漂白粉样时,容器的上、中、下各层都要取一定的量,混合均匀。称取漂白粉的量时,动作也要迅速。

五、作业

(1)简述用蓝墨墨水法快速测定漂白粉有效氯含量的实验步骤。

(2)根据自己体会,说明实验误差主要来自哪些方面?实验过程中如何减少误差?

实验七　微藻的培养

一、实验目的

(1)掌握微藻的培养方法。

(2)学会微藻生长曲线的绘制方法及相对生长率的计算方法。

二、实验材料

新月菱形藻、球等鞭金藻、亚心形扁藻。

三、实验仪器和用品

(1)仪器:超净工作台、光照培养箱、功率可调电炉、干燥箱、烘箱、分析天平、显微镜、移液管(移液器)、酒精灯、计数器。

(2)玻璃器皿:250 mL 三角烧瓶、5 000 mL 三角烧瓶,1 000 mL 试剂瓶、1 000 mL 容量瓶、烧杯、血球记数板、血盖片。

(3)药品:f/2 培养基(硝酸钠、磷酸二氢钠、硅酸钠、硫酸锌、硫酸铜、氯化锰、柠檬酸铁、钼酸钠、乙二铵四乙酸钠、氯化钴、维生素 B_1、维生素 B_{12})、碘液、工业酒精(酒精灯用)、70%～75%酒精(消毒用)、盐酸。

(4)其他用品:药匙、擦镜纸、纱布、胶头滴管、封瓶口纸、瓶刷、蒸馏水等。

四、实验方法与步骤

(一)容器、工具的洗涤和消毒

1. 消毒与灭菌知识

(1)消毒:用物理或化学的方法杀死微生物营养体,而不杀死芽孢时叫消毒。

1)灼烧消毒:在酒精灯火焰周围形成无菌区,可进行光合细菌和微藻的接种操作。

2)煮沸消毒:耐高温的小型容器、工具等可利用煮沸消毒。小型三角烧瓶(100～1 000 mL)可放在大铝锅里煮沸消毒。大型三角烧瓶(3 000～5 000 mL)可在瓶内加少量淡水,在瓶口放上培养皿,加热煮沸 5～10 min,让蒸汽在瓶中熏热消毒。

3)烘箱消毒:将玻璃容器、金属工具洗涤干净后放入烘箱中,加热至140℃时关闭电源,等温度下降到60℃以下时打开烘箱门,然后把消毒器皿用消毒纸逐一包装待用。

4)化学药品消毒:

常用的化学药品有:①酒精(乙醇,C_2H_5OH),70%～75%酒精。②高锰酸钾($KMnO_4$),按10～20 mg/L的比例配成高锰酸钾溶液,将小型容器、工具浸泡5 min。③石炭酸(苯酚,C_6H_6OH),在3%～5%石炭酸溶液中浸泡半小时。④盐酸(HCl),在10%盐酸溶液中浸泡5 min。⑤漂白粉($Ca(ClO)_2$),在1%～5%漂白粉溶液中浸泡半小时。

注意:用上述化学药品消毒完毕,都要用消毒水(经过煮沸或沉淀过滤的水)冲洗2～4次。

(2)灭菌:灭菌是指用物理或化学的方法杀死微生物,包括营养体和芽孢。对任何培养基或器材进行灭菌,必须注意做到既要杀死所带的微生物,但又不能破坏它们的基本性质。

1)灼烧:接种环、镊子、试管口等可直接在酒精灯上灼烧,酒精灯燃烧时其周围的气温也随着升高,用于无菌操作。

2)烘箱:把烘箱的温度调节到160℃,并保持2 h后可达到灭菌的目的。但含有水分的物质,如培养基等不能用此法灭菌。

3)高压蒸汽灭菌:将需要灭菌的玻璃器皿、营养盐母液、海水等用高压灭菌锅灭菌,一般在121℃下灭菌15～30 min。

2. 消毒与灭菌步骤

(1)清洗:把三角烧瓶、烧杯等用去污粉刷洗3遍,倒置架(桌)上晾干。

(2)酸洗:培养微藻用的三角烧瓶,为洗去旧瓶中的残留有机物,将稀盐酸倒入洗干净瓶内1/5,小心倾斜转动,使稀盐酸遍布流经瓶内,然后倒入另瓶或回收,最后经十几遍自来水冲洗去酸,倒置架(桌)上晾干。

(3)消毒和灭菌:

1)高压蒸汽灭菌:将洗刷干净的三角烧瓶包上牛皮纸、套上橡皮筋,以及需要灭菌的其他容器、工具放入高压灭菌锅中灭菌,一般在121℃下灭菌15～30 min。待压力降到0时,取出放入干燥箱中干燥备用。

2)烘箱消毒:将洗刷干净的三角烧瓶放入烘箱中消毒,即加热至140℃,隔断电源,待冷却至60℃左右取出,对锥形瓶用无菌纸(或棉塞)封口,套上橡皮筋待用。

(二) 培养液的制备

微藻培养液(液体培养基)是在消毒海水中加入营养盐配成。

1.海水消毒

将沉淀过滤(脱脂棉过滤或砂滤)后的海水倒入 5 000 mL 的三角烧瓶,瓶口包上牛皮纸或盖上培养皿,在电炉上煮沸消毒,冷却后备用。

2.营养盐母液配制

(1) F/2 培养基配方:

A:硝酸钠($NaNO_3$)	74.8 mg
B:磷酸二氢钠(NaH_2PO_4)	4.4 mg
C:硅酸钠($Na_2SiO_3 \cdot 9H_2O$)	8.4~16.7 mg
D:F/2 微量元素溶液	1 mL
E:F/2 维生素溶液	1 mL
消毒海水	1 000 mL

附Ⅰ:F/2 微量元素溶液配方

硫酸锌($ZnSO_4 \cdot 4H_2O$)	23 mg
硫酸铜($CuSO_4 \cdot 5H_2O$)	10 mg
氯化锰($MnCl_2 \cdot 4H_2O$)	178 mg
柠檬酸铁($FeC_6H_5O_7 \cdot 5H_2O$)	3.9 g
钼酸钠($NaMoO_4 \cdot 2H_2O$)	7.3 mg
乙二铵四乙酸钠(Na_2EDTA)	4.35 g
氯化钴($CoCl_2 \cdot 6H_2O$)	12 mg
纯水	1 000 mL

附Ⅱ:F/2 维生素溶液配方

维生素 B_{12}	0.5 mg
维生素 H(生物素)	0.5 mg
维生素 B_1	100 mg
纯水	1 000 mL

(2)培养液配制方法:

1)称量:将上述配方中药品按扩大 1 000 倍称取,按 A、B、C、D、E 分别置于 5 个烧杯内,用蒸馏水溶解(注意:$FeC_6H_5O_7 \cdot 5H_2O$ 需用研钵研碎后,再加热溶解),移入1 000 mL 容量瓶内定容。

2)营养盐母液消毒或灭菌:将配制好的各种营养盐母液倒入1 000 mL 试剂瓶中,在高压灭菌锅中灭菌(121℃下灭菌 15~30 min),待压力降到 0 时取出,冷却后放入冰箱冷藏室中备用。注意:维生素溶液不耐高温,可采用对容器和水分别进行消毒或灭菌的方法或用滤膜过滤的方法进行消毒。

3)往消毒海水中加营养盐:取经煮沸消毒冷却后的 5 000 mL 海水(盛在

5 000 mL 的三角烧瓶中),用 5 mL 的移液管(移液器),按 N→P→微量元素→维生素顺序,往消毒的海水中逐一加入各种营养盐母液各 5 mL,每加入一种母液需摇匀后,再加第二种。

4)分装:将培养液分装入 250 mL 三角烧瓶中,每瓶加 200 mL 培养液。

5)贴标签:用铅笔或签字笔在标签纸上写上姓名、日期、待接种藻种名称,贴于三角烧瓶中央处。

（三）接种

(1)接种前先检查藻种质量,首先肉眼观察藻种的颜色(绿藻类呈鲜绿色,硅藻类呈黄褐色,金藻类呈金褐色)、藻种水中分布情况、有无附壁和沉淀情况等。然后显微镜检查:藻种细胞是否颜色鲜艳、运动种类是否运动活泼、有无杂藻和敌害生物存在。

(2)取出已消毒、贴好标签并注入培养液 200 mL 的 250 mL 三角烧瓶。

(3)在超净工作台或无菌室(箱)里加进高浓度的藻种 10 mL。

(4)接种后摇匀,用移液管(移液器)取少许至小烧杯内,用血球计数板计数其细胞密度(日后每天定时计数一次)。

(5)将 250 mL 三角烧瓶用消毒过的牛皮纸封好,扎上橡皮筋,放入光照培养箱中或在实验室日光灯下或窗台上进行培养。每天定时计数,根据细胞密度绘制藻类生长曲线,并计算相对生长率。

$$相对生长率计算公式:\mu = (\ln N_t - \ln N_0)/(t - t_0)$$

其中,N_0 为指数生长期开始时的细胞数;N_t 为经过 t 时间后的细胞数。

（四）培养管理

(1)每天定时摇动三角烧瓶 2~4 次。

(2)每天定时用血球计数板计数其细胞密度。

(3)每天定时观察和检查,肉眼观察内容包括藻液的颜色、细胞运动情况、是否有沉淀和附壁现象、有无菌膜和敌害生物污染。显微镜检查内容包括藻类细胞的形态和运动情况、检查有无敌害生物及杂藻等。

(4)出现问题的分析和处理,藻类生长不好,主要是由内因和外因共同作用的结果,内因是藻种本身的质量是否优良,外因包括敌害生物污染及营养、温度和盐度等因子不适宜。

五、作业

每天定时观察,测细胞密度,绘制 3 种藻的生长曲线,计算相对生长率。

数据记录及结果

培养天数	细胞密度（10^4/mL）		
	新月菱形藻	球等鞭金藻	亚心形扁藻
1			
2			
3			
4			
5			
6			
7			
8			
9			
10			
11			
12			

实验八 光合细菌的形态观察和培养

一、实验目的

观察光合细菌的形态特征;学习光合细菌培养液的配制和室内培养方法。

二、实验材料

光合细菌菌种。

三、实验仪器和用品

(1)仪器:超净工作台、高压灭菌锅、光照培养箱、功率可调电炉、烘箱、分析天平、显微镜、移液管(移液器)、酒精灯、计数器。

(2)玻璃器皿:100 mL 三角烧瓶、5 000 mL 三角烧瓶,1 000 mL 试剂瓶、1 000 mL 容量瓶、烧杯。

(3)药品:磷酸氢二钾、磷酸二氢钾、硫酸铵、乙酸钠(或 95%酒精)、硫酸镁、酵母膏(或酵母浸出汁)、工业酒精(酒精灯用)、70%~75%酒精(消毒用)、盐酸。

(4)其他用品:药匙、擦镜纸、纱布、胶头滴管、保鲜膜、橡胶圈、瓶刷、蒸馏水、标签纸等。

四、实验方法与步骤

(一)光合细菌的形态观察

将少许光合细菌的培养液摇匀后倒入小烧杯中,用吸管取 1 滴置于载玻片上,加上盖玻片,先在低倍镜下观察,后转至高倍镜下观察。光合细菌呈小球形且数量多,会缓慢运动。

(二)光合细菌的培养

1.容器、工具的洗涤和消毒

(1)清洗:把三角烧瓶、烧杯等用去污粉刷洗三遍,倒置架(桌)上晾干。

(2)酸洗:培养光合细菌用的三角烧瓶,为洗去旧瓶中的残留有机物,将稀盐酸倒入洗干净瓶内 1/5,小心倾斜转动,使稀盐酸遍布流经瓶内,然后倒入另瓶或回收,最后经十几遍自来水冲洗去酸,倒置架(桌)上晾干。

(3)消毒和灭菌:

1)高压蒸汽灭菌:将洗刷干净的三角烧瓶包上牛皮纸、套上橡皮筋,以及需要灭菌的其他容器工具放入高压灭菌锅中灭菌,一般在121℃下灭菌15~30 min。待压力降到0时,取出放入干燥箱中干燥备用。

2)烘箱消毒:将洗刷干净的三角烧瓶放入烘箱中消毒,即加热至140℃,隔断电源,待冷却至60℃左右取出,对锥形瓶用无菌纸(或棉塞)封口,套上橡皮筋待用。

2.培养液的制备

(1)培养液配制:按培养基配方把所列物质称量,混合溶解,再煮沸或灭菌,备用。

光合细菌培养基配方:

磷酸氢二钾(K_2HPO_4)	0.5 g
磷酸二氢钾(KH_2PO_4)	0.5 g
硫酸铵(($NH_4)_2SO_4$)	1 g
乙酸钠 (或95%酒精3 mL)	2 g
硫酸镁($MgSO_4 \cdot 7H_2O$)	0.5 g
酵母膏	2 g
消毒海水(或蒸馏水)	1 000 mL

(2)分装:将培养液分装入100 mL三角烧瓶中,每瓶加70 mL培养液。

(3)贴标签:用铅笔或签字笔在标签纸上写上姓名、日期、贴于三角烧瓶中央处。

3.接种

(1) 接种前先检查菌种质量,首先肉眼观察菌种的颜色。然后用显微镜检查菌种细胞是否颜色鲜艳、有无敌害生物存在等。

(2) 取出已消毒、贴好标签并注入培养液70 mL的100 mL三角烧瓶。

(3) 在超净工作台或无菌室(箱)里加进高浓度的菌种10 mL。

(4)接种后摇匀,用移液管(移液器)取少许至小烧杯内,用血球计数板计数其细胞密度。

(5)将100 mL三角烧瓶用保鲜膜加橡胶圈密封,放入光照培养箱中或在实验室日光灯下或窗台上进行培养。每天定时观察。

(6)经1~2周培养后,菌液颜色由浅变深,再计数对比生长情况。

4.培养管理

(1)每天定时摇动三角烧瓶2~4次。

(2)每天定时观察,肉眼观察内容包括菌液的颜色是否正常,接种后颜色是否由浅变深。必要时配合显微镜检查。

（3）出现问题的分析和处理，光合细菌若生长不好，主要是内因和外因共同作用的结果。内因是菌种本身的质量是否优良；外因包括敌害生物污染及营养、温度和盐度等因子不适宜。

五、作业

（1）简述光合细菌的培养方法。

（2）试比较光合细菌与微藻培养方法的不同之处。

实验九　轮虫的形态观察和培养

一、实验目的

掌握轮虫的主要形态特征及定量方法;学习轮虫的室内培养方法。

二、实验材料

种轮虫、小球藻、扁藻、球等鞭金藻。

三、实验仪器和用品

生物显微镜、解剖镜、载玻片、盖玻片、擦镜纸、纱布、胶头滴管、100 mL 三角烧瓶、1 mL 移液管(移液器)、5 mL 移液管(移液器)、吸耳球、1 mL 浮游生物计数框、胚胎皿、小烧杯、量筒、碘液等。

四、实验方法与步骤

1. 轮虫的形态观察

轮虫活体观察时,水样尽量少加,且不要盖片,以免将轮虫压死。在低倍镜下观察轮虫的轮盘部、躯干部、足部、夏卵的形态和轮虫的运动,并回答下列问题:①所观察到的轮虫是雌体或雄体? 每个雌体所带的夏卵数是否相等? ②为什么有时看不到足部,有时又看到足部附着于载玻片上? ③当加进小球藻时,在轮盘部前端看到的食物流是什么形状?

在中倍镜下观察轮虫的消化、排泄、生殖、神经系统的构造,注意咀嚼器、焰茎球的运动方式。观察咀嚼器构造时将少许有轮虫的水样置于载玻片上,盖上盖玻片。用手指轻压盖玻片,将轮虫个体压碎,使咀嚼器从轮虫体内游离出,然后置于显微镜下观察(图 3-9-1)。

2. 轮虫的定量方法

(1)计数框计数法:计数框种类较多,容积有 0.1 mL、0.5 mL、1.0 mL、5.0 mL 等。计数轮虫一般采用 1 mL 的浮游生物计数框。首先将水样摇匀,并立即用 1 mL 移液管(移液器)准确吸取 1 mL 样品,注入相应的计数框内,小心盖上盖玻片,在盖盖玻片时,要求计数框内没有气泡,样品不溢出计数框,如果达不到要求,应重新取样。然后在低倍生物显微镜或体视显微镜下进行全片计数。一般计数 3 次,取其平均值。

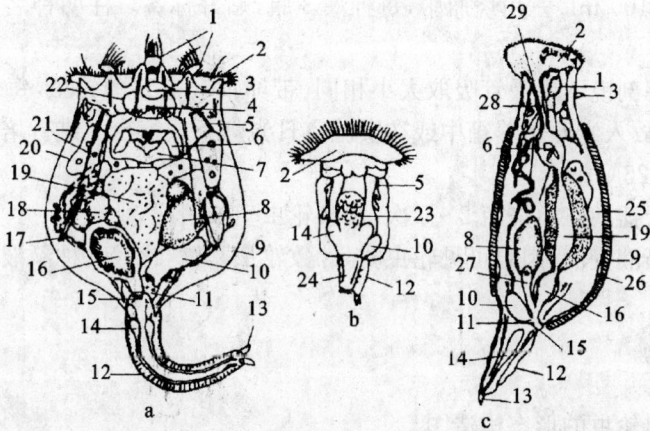

1.棒状突起;2.纤毛环;3.背触毛;4.眼点;5.原肾管;6.咀嚼器;7.咀嚼囊;8.卵巢;9.被甲;10.膀胱;11.泄殖腔;12.尾部;13.趾;14.吸着腺;15.肛门;16.肠;17.侧触手;18.卵黄腺;19.胃;20.消化腺;21.肌肉;22.脑;23.精巢;24.阴茎;25.体腔;26.表皮;27.输卵管;28.咽;29.口

a.雌体;b.雄体;c.雌体侧面横切图

图 3-9-1　臂尾轮虫体制模式图(自陈明耀等,1995)

(2)移液管直接计数法:在轮虫生产性培养中,通常使用移液管直接计数法定量,方法简单、易行。

首先选择一支管壁明净、容量为 1 mL、具刻度的移液管为计数定量工具。首先将水样摇匀,然后用移液管快速准确一次吸取 1 mL 水量,用右手食指紧压移液管上端管口,再用左手食指紧压移液管尖端出水口,不让水滴滴出。然后把移液管倾斜,对光(日光灯或太阳光),则可见管内轮虫成小白点状,缓慢游动,可先从移液管尖端开始计数,逐渐向右方,直到把 1 mL 水样的轮虫计数完毕,即获得每毫升水样中的轮虫数量。在计数中右手不断上下转动移液管,帮助观察清楚,使计数准确。如果轮虫密度过大,计数困难,则可进行适当的稀释后,再用移液管吸取计数,最后把计数结果乘上稀释倍数即得每毫升的轮虫数。一般计数 3 次,取其平均值。

(3)胚胎皿计数法:首先将水样摇匀,并立即用 1 mL 移液管(移液器)准确吸取 1 mL 样品,注入胚胎皿中,摇晃样品,使轮虫集中于胚胎皿底部,在生物显微镜或体视显微镜下计数。为便于观察,也可在取样后先用碘液将轮虫杀死后再计数。

3.轮虫的培养方法

(1)将三角烧瓶洗净,烘干。分别将 50 mL 培养好的小球藻、扁藻、球等鞭金藻加入到 100 mL 三角烧瓶中,每种藻 3 瓶,贴好标签。注明种名、接种日期、接种量。

(2)在解剖镜下用吸管吸取大小相同、带卵情况一致的轮虫,每只三角烧瓶内放 10 只,放入光照培养箱中或在实验室日光灯下或窗台上进行培养。培养温度为 20℃～25℃。

(3)每天摇动三角烧瓶 2～3 次,观察轮虫生长情况。

(4)当藻液变清,肉眼可见轮虫时,计数轮虫密度,比较几种藻液培养轮虫的情况。

五、作业

(1)画出轮虫的形态构造图。

(2)测出种轮虫的密度。

(3)根据自己体会,说明轮虫的几种计数方法各自具有的优缺点,还有哪些需要改进的地方? 计数的误差主要来自哪些方面? 如何减少误差?

(4)记录轮虫采收时的密度,比较不同饵料对轮虫种群增长的影响。

(5)根据自己体会,说明轮虫培养过程中应注意哪些问题?

数据记录及结果

种轮虫密度(个/毫升)						
1	2	3	4	5	6	平均值

不同饵料对轮虫种群增长的影响

饵料种类	轮虫采收时的密度(个/毫升)			
	1	2	3	平均值
小球藻				
扁藻				
球等鞭金藻				

实验十　卤虫、卤虫卵的形态观察及卤虫卵孵化率的测定

一、实验目的

(1)观察并掌握卤虫卵、卤虫各期幼体及成体的主要形态特征。

(2)学习并掌握卤虫卵的孵化方法以及卤虫卵孵化率的测定方法。

二、实验材料

卤虫卵、卤虫各期幼体及成体。

三、实验仪器和用品

生物显微镜、体视显微镜、载玻片、盖玻片、擦镜纸、纱布、胶头滴管、移液管(移液器)、吸耳球、计数器、培养皿、烧杯、碘液、溶壳剂等。

四、实验方法与步骤

(一)卤虫卵、卤虫无节幼体及成体的形态观察

分别取卤虫卵、卤虫无节幼体、后无节幼体、拟成虫期幼体和成体置载玻片上,在生物显微镜或体视显微镜下,分别观察其主要形态特征(图3-10-1,图3-10-2)。

(二)卤虫卵孵化率的测定

在孵化率指标的测定方法上,国际上通用的方法有A法和B法两种。而国内在卤虫卵孵化率的测定上,有溶壳法、数粒法、密度法等,均从A法和B法演变而来。

1. A法

(1)称取250 mg的待测卤虫卵,放入250 mL的锥形瓶中,往锥形瓶中加入100 mL的盐度为35的海水,连续光照,光照强度为1 000～2 000 lx,水温25℃,从底部充气使所有的虫卵悬浮在海水中,但充气不可太强,以免出现泡沫。

(2)1 h后,用移液管(移液器)取5～10个样品,每个样品0.5 mL,每个样品约有100粒卤虫卵。

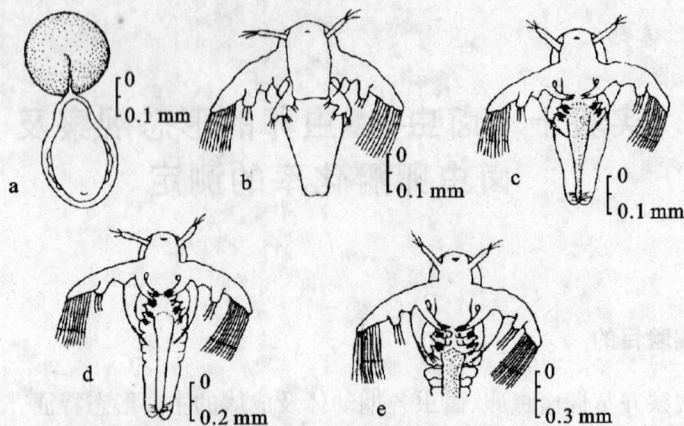

a. 破壳后的胚胎；b. Ⅰ龄期腹面观；c. Ⅱ龄期腹面观；
d. Ⅲ龄期腹面观；e. Ⅳ龄期头胸部腹面观

图 3-10-1　卤虫各发育阶段的外部形态（自廖承义等，1990）

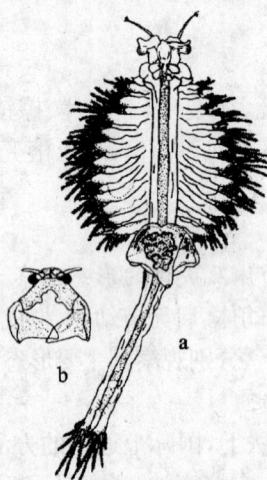

a. 雌性成虫；b. 雄虫头部

图 3-10-2　卤虫成虫形态图（自陈明耀等，1995）

（3）将取得的样品分别放在滤纸上，然后计数，记录每个样品的虫卵数 C。

（4）把滤纸上的虫卵分别冲洗下，放入培养皿中或 5 mL 的小试管中，加入盐度为 35 的海水，水深 0.3～0.5 cm，在上述条件下进行孵化（水温 25℃、光照强度为 1 000～2 000 lx、连续光照）。

（5）48 h 后，将孵出的无节幼体用碘液固定，在体视显微镜下计数每个样品中的无节幼体数 N。也可用肉眼观察,用滴管吸取活体进行计数。

(6)计算孵化率:

$$H\% = N/C \times 100\%$$

式中,N 为无节幼体数;C 为虫卵数。

(7)碘液(鲁哥氏液)的配制方法:将 6 g 碘化钾溶于 20 mL 的蒸馏水中,待完全溶解后加入 4 g 碘片摇荡,待碘完全溶解后,加入 80 mL 的蒸馏水。配好后贮藏在棕色的试剂瓶中备用。此外,药用的碘酒也可用来作为固定液。

2. B 法

(1)称取 250 mg 的待测卤虫卵,放入 250 mL 的锥形瓶中,往锥形瓶中加入 100 mL 的盐度为 35 的海水,连续光照,光照强度为 1 000～2 000 lx,水温 25℃,从底部充气使所有的虫卵悬浮在海水中,但充气不可太强,以免出现泡沫。

(2)48 h 后,用移液管(移液器)取 5～10 个样品,每个样品 0.5 mL,每个样品约含 100 只无节幼体及未孵化的卵粒。

(3)将每个样品分别加入培养皿中,用碘液固定,在体视显微镜下计数每个样品中的无节幼体数 N。也可用肉眼观察,用滴管吸取活体进行计数。

(4)预先配好 NaOH 溶液(40 g NaOH 加入 100 mL 蒸馏水),向每个样品中滴 1 滴 NaOH 溶液,再滴 5 滴含有效氯 5.25％的次氯酸钠溶液(漂白粉水)。数分钟后,空壳溶解,未孵化的卵成为去壳卵。计数每个样品中的去壳卵个数 C。

(5)计算孵化率:

$$H\% = N/(N+C) \times 100\%$$

式中,N 为无节幼体数;C 为去壳卵个数。

五、作业

(1)画出卤虫各期幼体及成体的形态构造图。

(2)测定卤虫卵的孵化率。

(3)根据自己体会,分析测定卤虫卵孵化率的误差主要来自哪些方面? 如何减少误差?

数据记录及结果

	1	2	3	4	5	6	平均值
虫卵数(C)							
无节幼体数(N)							
孵化率($H\%$)							

实验十一　卤虫卵的去壳及空壳率的测定

一、实验目的

(1)掌握卤虫卵去壳技术及去壳过程中卤虫卵的变化。

(2)学习卤虫卵空壳率的测定方法。

二、实验原理

卤虫卵壳的主要成分是脂蛋白和正铁血红素,这些物质在强碱性条件下可以被一定浓度的次氯酸钠或次氯酸钙溶液氧化除去。只剩下一层透明的卵膜。胚胎的活力不受影响。

三、实验仪器和用品

卤虫卵、解剖镜、分析天平、温度计、凹玻片、胶头滴管、筛绢(孔径 120～130 μm)、500 mL 烧杯、100 mL 量筒、冰块、玻璃棒、次氯酸钠、氢氧化钠、硫代硫酸钠。

四、实验方法与步骤

1. 卤虫卵的吸水

卤虫卵吸水膨胀后呈球形,有利于去壳。一般是在 25℃淡水或海水中浸泡 1～2 h。具体方法是:称取一定量的卤虫卵放入盛有海水或自来水的容器中,通气搅拌使卵保持悬浮状态,一般待虫卵变成球形即可。

2. 配制去壳溶液

常用的去壳溶液是次氯酸盐(次氯酸钠或次氯酸钙)、pH 稳定剂和海水按一定比例配制而成的。由于不同品系卤虫卵壳的厚度不同,因而去壳溶液中要求的有效氯浓度不同。一般而言,每克干虫卵需使用含有 0.5 g 的有效氯的次氯酸钠或次氯酸钙,而去壳溶液的总体积按每克干卵 14 mL 的比例配制。

由于卤虫卵的去壳过程是氧化反应,氧化效率取决于次氯酸盐解离成次氯酸根的程度,而此解离程度与溶液的 pH 值有关。当 pH 大于 10 时,次氯酸盐解离成次氯酸根的比例最大,因而氧化效果也最好。因此,需要在去壳液中加入适量的 pH 稳定剂。通常使用氢氧化钠(用次氯酸钠时使用,用量为每克干卵0.15 g),或碳酸钠(用次氯酸钙时使用,用量为每克干卵 0.67 g,也可用氧化钙,用量为每克干卵 0.4 g)来调节 pH 值在 10 以上。

去壳溶液需用海水配成,加上冰块使水温降至 15～20℃。在配制次氯酸钙去壳液时,应先将次氯酸钙溶解后再加碳酸钠或氧化钙,静置后使用上清液。

例如,用浓度为 8% 的次氯酸钠溶液配制去壳液,如果要对 10 g 卤虫卵去壳,计算步骤如下:

(1)去壳溶液的总体积按每克干卵 14 mL 的比例配制,10 g 卤虫卵所需的去壳液的总体积为 14 mL×10=140 mL。

(2)每克干虫卵需使用含有 0.5 g 的有效氯,10 g 卵所需的有效氯为 10×0.5 g=5 g。

(3)5 g 有效氯所需 8% 次氯酸钠溶液体积为 5/0.08=62.5 g(体积约为 60 mL)

(4)所需海水量为 140 mL－60 mL=80 mL。

(5)氢氧化钠用量为每克干卵 0.15 g,10 g 卤虫卵所需氢氧化钠的量为0.15×10 g=1.5 g。

因此,用 80 mL 海水加 1.5 g 氢氧化钠,再加 8% 次氯酸钠溶液 60 mL 就配成了 10 g 卤虫卵所需的去壳液。

注意:由于有效氯的含量会随贮存时间的推移而下降,因此,在配制去壳液之前需要测定次氯酸钠(或次氯酸钙)的有效氯的确切含量。有效氯含量的测定可用蓝黑墨水法,更精确的可采用硫代硫酸钠法。此外,去壳液要现配现用。

3.卤虫卵的去壳

将浸泡好的卤虫卵沥干后放入已配好的去壳液中并不断搅拌。在去壳过程中(图 3-11-1),卤虫卵的颜色渐渐由咖啡色变为白色,最后变为橘红色。此过程最好在 5～15 min 完成,时间过长会影响孵化率。去壳过程是一个氧化作用,并产生气泡,要不停地测定其温度,可用冰块防止水温升到 40℃以上。

4.清洗脱氯

在解剖镜下当看不见咖啡色的卵壳时,即表示去壳完毕,此时去壳溶液的温度不再上升。有一定的操作经验后,用肉眼目测即可比较好的掌握去壳的进程。用孔径为 120～130 μm 的筛绢收集上述已去壳的卤虫卵,用足量的自来水或海水充分冲洗,直到闻不出有氯气味为止。为了进一步除去残留的次氯酸钠,可将去壳卵浸入 1%～2% 的硫代硫酸钠溶液中约 1 min 以中和残氯,然后进一步用自来水或海水冲洗去壳卵,经冲洗后,可以直接投喂,也可以孵化后投喂或放入－4℃冰箱中保存。

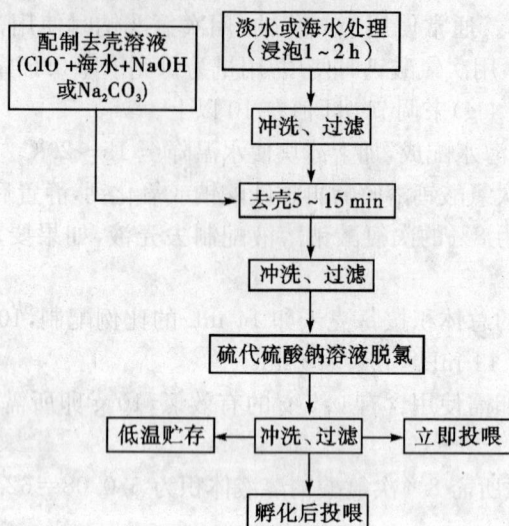

图 3-11-1 卤虫卵的去壳过程(仿卞伯仲)

5.卤虫卵空壳率的计算

取 100 粒左右已吸涨的卤虫卵,放在凹玻片上,滴加几滴去壳液,待完全去壳后统计去壳卵的数量,计算空壳率。此过程重复 3 次,取平均值。

空壳率＝[(卤虫卵数量－去壳卵数量)/卤虫卵数量]×100%

五、作业

(1)描述去壳步骤及在去壳过程中发现的现象。

(2)计算实验用卤虫卵的空壳率。

第四部分
研究型实验

研究型实验的基本程序

研究型实验是指应用已经学过的浮游生物学与生物饵料培养以及生态学、生物化学等相关知识，并结合学生自己的兴趣和爱好，自行设计实验以解决水产养殖生产实践中的具体问题。开展研究型实验之前，指导教师根据已有的实验条件为学生提供选题范围和实验要求等，学生自己查阅资料、设立题目、制订实施方案，经过指导教师审阅批准后执行。

一、查阅资料

根据确定的实验方案，查阅相关文献和资料，了解国内外相关研究动态；确定实验目的、意义和内容。

二、立题

实验项目应该具有明确的目的，有一定的实践意义和理论价值，并具有一定的创新性；立题要有充分的科学依据，方法先进可行，并与本实验室条件相符合。

三、实验设计

实验设计是指根据立题的目的、要求和预期结果制定研究计划和实施方案。主要包括实验原理、实验器材、方法和步骤、处理因素、注意事项等。实验设计应该遵循对照、随机和可重复的原则。

1. 对照

一般实验都分为处理组和对照组，对照组的设置可以根据实验目的进行选择，有空白对照组、实验对照组（假处理对照）、自身对照、相互对照（组间对照）等。

2. 可重复

只有可重复的实验结果才是可信和科学的，重复组与样本数量的确定，应该根据生物统计学原理或以往的经验进行。通常设 3 个平行组（重复组）。

四、实验过程

1. 预备实验

筛选实验效益指标、实验处理因素和实验方法,检查准备工作是否完善,为正式实验提供修改意见。

2. 实验结果的记录与观察

内容包括实验名称、日期、实验操作者、实验样品的来源、规格;施加的处理因素、种类、来源、剂量、方法等;使用的仪器设备、培养条件和管理方法;测定内容、指标名称、单位、数值等。

3. 实验结果的分析和处理

对所得的原始数据进行生物统计学处理,计算平均值、标准差、相关系数等,制成统计图或表,作相关的统计检验(单因子方差分析、多因子方差分析、多重比较等)。处理原始数据必须真实、客观。实验结果的表达方式有表格、曲线、图形、照片等。

五、研究型实验报告的撰写

按照一般学术论文的格式进行(见附录五)。

浮游生物学与生物饵料培养研究型实验参考题目

(1)环境因子(温度、光照、盐度等)对微藻生长及生化组成的影响。

(2)营养盐浓度对微藻生长及生化组成的影响。

(3)轮虫及卤虫无节幼体的营养强化。

(4)赤潮生物分离培养及其生态机理的研究。

(5)微藻对重金属(铜、锌、铬)的吸收与净化作用研究。

(6)山东沿海浮游植物初级生产力的研究。

第五部分

附　录

附录一　光学显微镜的构造和使用

光学显微镜包括生物显微镜和体视显微镜。前者主要用于观察玻片标本，后者主要用于观察实物标本，并可供实物标本的解剖观察。对光学显微镜的熟练使用和保养，是生物学工作者必备的基本技能之一。

一、生物显微镜

生物显微镜主要有单筒式外光源（或内光源）和双筒式内光源两类。现以双筒式内光源为例介绍生物显微镜的基本构造和使用方法。

（一）生物显微镜的基本构造和原理

1. 构造

生物显微镜是由光学放大系统和机械装置两部分组成。光学系统一般包括物镜、目镜、聚光器、光源等；机械系统一般包括镜座、镜柱、镜臂、镜筒、物镜转换器、载物台（镜台）、调焦装置、聚光器调节螺旋等（图 5-1-1）。

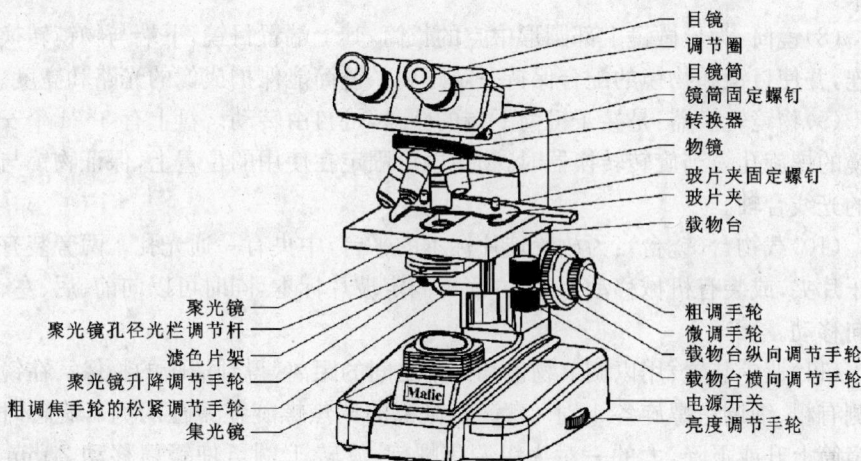

目镜
调节圈
目镜筒
镜筒固定螺钉
转换器
物镜
玻片夹固定螺钉
玻片夹
载物台

聚光镜
聚光镜孔径光栏调节杆
滤色片架
聚光镜升降调节手轮
粗调焦手轮的松紧调节手轮
集光镜

粗调手轮
微调手轮
载物台纵向调节手轮
载物台横向调节手轮
电源开关
亮度调节手轮

图 5-1-1　光学显微镜结构图

（1）物镜：安装在镜筒下端的物镜转换器上，可分低倍、高倍和油镜三种。物镜可将被检物体作第一次放大，一般其上均刻有放大倍数，如 $4\times$、$10\times$、$40\times$、

100×等。标本的放大主要由物镜完成,物镜放大倍数越大,它的焦距越小。焦距越小,物镜的透镜和玻片间距离(工作距离)越小。油镜的工作距离很短,使用时需格外注意。

(2)目镜:安装在镜筒上端,可将物镜所成的像进一步放大。其上刻有放大倍数,如 5×、10×、16×等。目镜只起放大作用,不能提高分辨率,标准目镜的放大倍数是 10 倍。

(3)聚光器:装于载物台下,由聚光镜和虹彩光圈等组成,它能使光线照射标本后进入物镜,形成一个大角度的锥形光柱,因而对提高物镜分辨率是很重要的。聚光器可以上、下移动以调节视野的亮度。虹彩光圈装在聚光器内,拨动操作杆可调节光圈大小,控制通光量。

(4)光源:自然光和灯光都可以作为显微镜的光源,以灯光较好,因光色和强度都容易控制。一般的显微镜可用普通的灯光,质量高的显微镜要用显微镜灯才能充分发挥其性能。有些需要很强照明,如暗视野照明、摄影等,常常使用卤素灯作为光源。

(5)镜座:为显微镜的底座,支持整个镜体,使显微镜放置稳固。

(6)镜柱:为镜座上面直立的短柱,支持镜体上部的各部分。

(7)镜臂:弯曲如臂,下连镜柱,上连镜筒,为取放镜体时手握的部分。直筒显微镜臂的下端与镜柱连接处有一活动关节,可使镜体在一定范围内后倾,便于观察。

(8)镜筒:为显微镜上部圆形中空的长筒,其上端置目镜,下端与物镜转换器相连,并使目镜和物镜的配合保持一定距离。镜筒能保护成像的光路和亮度。

(9)物镜转换器:是接于镜筒下端的圆盘,可自由转动。盘上有 3~4 个安装物镜的螺旋孔。当旋转转换器时,物镜即可固定在使用的位置上,保证物镜与目镜的光线合轴。

(10)载物台(镜台):为放置玻片标本的平台,中央有一通光孔。两旁装有一对压片夹,或装有机械移动器,一方面可固定玻片标本,同时可以向前、后、左、右方向移动。

(11)调焦装置:用以调节物镜和标本之间的距离,得到清晰的物像。在镜臂两侧有粗、细调焦螺旋各 1 对(弯筒显微镜的调焦螺旋在镜柱两侧),旋转时可使镜筒上升或下降,大的一对为粗调焦螺旋,旋转 1 圈可使镜筒移动 2 mm 左右。小的一对为细调焦螺旋,旋转 1 圈可使镜筒移动约 0.1 mm。

(12)聚光器调节螺旋:在镜柱的一侧,旋转它时可使聚光器上下移动,借以调节光线强弱。

2. 原理

　　显微镜能够成像,主要是依据凸透镜成像原理。物像的扩大主要是物镜和目镜的作用。物镜是决定显微性能和确定分辨率高低的关键性光学元件,它将标本作第一次放大,之后目镜再将第一次放大的物像作第二次放大。物体最后放大倍数为目镜放大倍数与物镜放大倍数的乘积。理论上显微镜最大可放大至5 000倍,由于光波波长的限制,放大并能获得清晰分辨力的放大倍数只能达到1 400倍左右。再高的放大倍数一般由于可见光波长及制作工艺的限制,虽能放大,但清晰度并无保证。因可见光波长最短波长为 0.4 μm,所以光学显微镜的分辨力为 0.17 μm,折合有效放大数只能达1 400倍左右。

　　(二)生物显微镜的使用方法

　　1.取镜

　　按照规定的号码,自显微镜橱(箱)中取出显微镜。取镜时,一手握住镜臂将显微镜从显微镜橱(箱)中取出,再用另一手托住镜座,置于左胸前,并使镜身直立平稳地移至实验台边,轻轻地将显微镜置于身体的左前方,镜座与实验桌垂直,放在距桌缘5~8 cm处的实验台上。使用前应对显微镜进行检查,注意各个部分是否完整无损,如有缺损,应立即向指导教师报告。

　　2.对光

　　转动物镜转换器,将低倍镜镜头(4×或10×物镜)转至光轴位置,可听到发出喀哒声,说明物镜调节到位。打开透光光阑,用左眼靠近目镜向镜内观察(两眼都睁开),同时调节光阑,直至视野的光线最明亮、最均匀为止。显微镜光源可分为内置照明和外置照明两种形式,对光时有不同的操作步骤。①内置光源:接通电源,按下底座左后方的开关,电源打开即可。②外置光源:将光圈放到最大位置,在用眼睛观察目镜中视野的同时,转动反光镜使其朝向光源(采自然光或灯光),使视野中的光线达到最明亮、最均匀时为止。如靠近光源,可用平面反光镜;如距离光源较远,可用凹面反光镜。不可用直射阳光作光源。

　　3.装片

　　将玻片标本具盖玻片的一面朝上,放置在载物台的夹持器中央夹紧,调节螺栓移动夹持器,将标本(待观察的区域)移至载物台透光孔处即可。

　　4.观察样品

　　(1)低倍镜观察:先将低倍物镜的位置固定好,然后放置标本片,转动反光镜,调好光线,将物镜提高,向下调至看到标本,再用细调对准焦距进行观察。除少数显微镜外,聚光镜的位置都要放在最高点。如果视野中出现外界物体的图像,可以将聚光镜稍微下降,图像就可以消失。聚光镜下的虹彩光圈应调到适当的大小,以控制射入光线的量,增加明暗差。

　　(2)高倍镜观察:显微镜的设计一般是共焦点的。低倍镜对准焦点后,转换到高倍镜基本上也对准焦点,只要稍微转动微调即可。有些简易的显微镜不是共焦点,或者是由于物镜的更换而达不到共焦点,就要采取将高倍物镜下移,再向上调准焦点的方法。虹彩光圈要放大,使之能形成足够的光锥角度。稍微上、下移动聚光镜,观察图像是否清晰。

(3)油镜观察:油镜的工作距离很小,所以要防止载玻片和物镜上的透镜损坏。使用时,一般是经低倍物镜、高倍物镜到油镜。当高倍物镜对准标本后,再用油镜观察。载玻片标本也可以不经过低倍和高倍物镜,直接用油镜观察。显微镜有自动止降装置的,载玻片上加油以后,将油镜下移到油滴中,到停止下降为止,然后用微调向上调准焦点。没有自动止降装置的,对准焦点的方法是从显微镜的侧面观察,将油镜下移到与载玻片稍微接触为止,然后用微调向上提升调准焦点。

使用油镜时,镜台要保持水平,防止油流动。油镜所用的油要洁净,聚光镜要提高到最高点,并放大聚光镜下的虹彩光圈,否则会降低数值口径而影响分辨率。无论是油镜或高倍镜观察,都宜用可调节的显微镜灯作光源。

5.还镜

显微镜使用完毕后,内置照明式显微镜需切断电源,降低载物台;取下样品,用清洁纱布轻轻擦拭机械部件,光学部件用擦镜纸擦拭干净;用过油镜的,应先用擦镜纸将镜头上的油擦去,再用擦镜纸蘸着二甲苯擦拭 2~3 次,最后再用擦镜纸将二甲苯擦去。套上布套或塑料套,最后按照取镜时的操作要点,将显微镜还入镜橱。

二、体视显微镜

体视显微镜又称实体显微镜或解剖镜。它的焦点深度比较大,可放置比较大的标本样品,以供观察者在显微镜下进行实物标本的解剖观察(操作)。在观察标本时,光线从观察标本的斜上方照射(利用自然光或灯光)在标本上,因而观察的是标本的表面,有很强的立体感(使用体视显微镜所获得的立体感是通过两个目镜对物体从不同方向在人眼的网膜上形成不同的像而产生的)。有些体视显微镜下方还装有光源,光线可以经过标本的下方透过标本进入镜头。

(一)体视显微镜的基本构造

体视显微镜的基本构造分为光学部分和机械部分。光学部分主要包括目镜、物镜、内置光源(或无)等;机械部分主要包括镜座、镜臂、镜筒、视度调节圈、载物台、压片夹、调焦手轮等。

(二)体视显微镜的使用方法

体视显微镜的操作过程与生物显微镜基本相同。

1. 取镜

取镜过程与生物显微镜相同。按照规定的号码,自显微镜橱中取出体视显微镜。取镜时,右手握镜臂,左手托镜座,使镜身直立平稳,轻轻地置于实验台上,并放于身体的左前方,离桌子边缘 3～5 cm 处(右侧可放记录本或绘图纸等)。如显微镜的外面有布套或塑料套,应用双手分别提布套或塑料套的一角,取下布套或塑料套,将它们折好,放在体视镜的左侧或放在体视镜的下面。使用前应进行检查。注意各个部分是否完整无损,如有缺损,应立即报告指导教师。

2. 瞳距调整

一般体视显微镜都采用双目镜观察。由于不同的人,两眼之间的瞳孔距离(瞳距)并不相同,因此,不同的观察者,就有必要根据其实际瞳距调整显微镜两目镜筒之间的距离,以适应实际工作的需要。具体方法为:双手握住两边的棱镜罩,向内或向外转动,直到两目镜筒之间的距离与观察者的瞳距一致。通过目镜观察,直到两边视场看上去重合。

3. 对光

若体视镜中没有内置光源,则将体视镜的载物台朝向光源即可;若有内置光源,则接通电源,打开电源开关即可。

4. 对两眼视力不同观察者的两目镜焦距的调节

首先用左眼,通过左侧目镜观察放置在载物台中央的样品,通过调焦手轮调节焦距,使左眼成像清晰,像清晰后不再用调焦手轮;然后再用右眼,通过右侧目镜观察样品,通过旋转右侧目镜上的视度调节圈(顺时针或逆时针方向旋转),直到右眼成像清晰。

5. 观察样品

将样品放在载物台的中央,两眼同时观察样品。如观察的样品为实物标本,同时该标本需要解剖时,最好在载物台上放置一载玻片,并用压夹固定住,使解剖操作过程都在载玻片上进行,可防止在解剖过程中所使用的刀片、解剖针等工具损伤载物台。

6. 调焦

通过旋转调焦手轮调节焦距,直到使样品成像清晰为止。同时,根据观察的需要,旋转物镜镜筒,对物镜进行变倍,或更换目镜。

7. 还镜

显微镜使用完毕后,内置照明式显微镜需切断电源,降低载物台;取下样品,用清洁纱布轻轻擦拭机械部件,光学部件用擦镜纸擦拭干净;套上布套或塑料套,最后按照取镜时的操作要点,将体视镜还入镜橱。

三、使用显微镜注意事项

(1)取放显微镜应小心谨慎,以免发生显微镜破碎事故。

(2)切不可随便拆玩显微镜各部零件。

(3)任何旋钮转动困难时,决不能用力过大,应查明原因,排除障碍。如果自己不能解决时,要向指导教师说明,让其帮助解决。

(4)保持显微镜清洁,尽量避免灰尘落在镜头上,否则容易磨损镜头;尽量避免试剂弄脏或滴到显微镜上,这些都能损坏显微镜。如被弄脏,应立即用擦镜纸擦拭干净。显微镜用过后,应用清洁纱布轻轻擦拭(不包括物镜和目镜头)。

(5)镜头的保护最为重要。镜头要保持清洁,只能用软而没有短绒毛的擦镜纸擦拭。擦镜纸要放在纸盒中,以防沾染灰尘。切勿用手绢或纱布等擦镜头。物镜在必要时可以用溶剂清洗,但要注意防止溶解固定透镜的胶固剂。根据不同的胶固剂,可选用不同的溶剂,如酒精、丙酮和二甲苯等,其中最安全的是二甲苯。方法是用脱脂棉花团蘸取少量的二甲苯,轻擦,并立即用擦镜纸将二甲苯擦去,然后用洗耳球吹去可能残留的短绒。目镜是否清洁可以在显微镜下检视。转动目镜,如果视野中可以看到污点随着转动,则说明目镜已沾有污物,可用擦镜纸擦拭接目的透镜。如果还不能除去,再擦拭下面的透镜,擦过后用洗耳球将短绒吹去。在擦拭目镜或由于其他原因需要取下目镜时,都要用擦镜纸将镜筒的口盖好,以防灰尘进入镜筒内,落在镜筒下面的物镜上。

(6)显微镜要保持干燥。

附录二　生物绘图法

生物绘图是形象地描绘生物外形、结构和行为等的一种重要的科学记录方法。其原则是要求对所描绘生物对象做深入细致的观察,从科学的高度充分了解其有关形态结构特征,在此基础上,准确、严谨、简要、清晰地绘制。生物图不同于美术图,所绘图形要具有真实性,不能任意臆造,加以美化,图只用点和线表示,不可涂黑。此处主要介绍"线"和"点"的技法。

一、生物绘图主要技法

(一)线

1.生物绘图对线条的要求

(1)线条要均匀,不可时粗时细。

(2)线条边缘圆润而光滑,不可毛糙不整。

(3)行笔要流畅,中间不能顿促凝滞。

2. 常用线条类型

(1)长线:指连贯的线条,主要表现物体的外形轮廓、脉纹、皱褶等部位。长线的操作要点是:①在图纸下面垫一塑料板或玻璃台板,使纸面平整,以免造成线条中途停顿或不匀,影响长线连续光滑的效果。②用力均匀,能够一笔绘成的线条,力求一气呵成,防止线条顿促不匀。③调整图纸角度使运笔时能顺应手势,并由左下角向右上方作较大幅度的运动,这样可顺利地绘成较长的线条。④如果是多段线条连接完成的长线条,需防止衔接处错位或首尾衔接粗细不匀。可执笔先稍离开纸面,顺着原来线段末端的方向,以接线的动作,空笔试接几次,待手势动作有了把握后,再把线段接上。

(2)短线:指线段短促的线条,主要用于表现细部特征,如网状的脉纹、鳞片、细胞壁、纤毛等。短线虽较容易掌握,但往往会造成画面杂乱的局面。下笔应用力均匀地从头移到尾再娜开笔尖。

(3)曲线:指运笔时随着物体的转折方向多变、弯曲不直的线条。用于勾画物体的形态轮廓、内部构造、区分各部分的界线,以及表现毛发、脉纹、鳞甲等。描绘曲线比较自由,它可以根据各种对象的不同形态作相应的变换,画曲线应遵从 3 条原则。①变而不乱:在运用曲线表示结构时,应注意线道数要适宜,不可信手勾画,造成画面凌乱不堪的结果。②曲而得体:以弯曲的线条描绘物体,要按照所观察对象的结构,使每条线的弯曲和运笔方向准确无误。曲线的弯度不当,不仅使画面形象失真,还可能导致科学性的错误。③粗中有细:生物绘图中的用线,一般要求均匀一致,但根据物体结构的要求也有例外。例如,表现毛发、褶纹等就需根据自然形态,自基部向尖端逐渐细小,这样就可避免用线生硬呆板,使物体描绘更加逼真。

(二)点

生物绘图中,点主要用来衬阴影,以表现细腻、光滑、柔软、肥厚、肉质和半透明等物质特点,有时也用点来表现色块和斑纹。

1.生物绘图对点的要求

(1)点形圆滑光洁:指每个小点必须成圆形,周边界线清晰,边缘不毛糙。这就要求使用的铅笔芯尖而圆滑,打点时必须垂直上、下,不可倾斜打点。

(2)排列匀称协调:画阴影时,由明部到暗部要逐渐过渡,即点由无到稀疏再到浓密地进行布点,每一个点也不能重叠。

(3)大小疏密适宜:点的分布不可盲目地一处浓,一处稀,或有堆集现象。暗处和明处的点可适当有大小变化,但又不能明显地相差太多,更不可以在同一明暗阶层中夹入粗细差别过大的点。

2.常用点的类型

(1)粗密点:点粗大且密集,主要用来表现背光、凹陷或色彩浓重的部位,并且一般粗点是伴随紧密的排列而出现的。

(2)细疏点:点细小且稀疏,主要用来表现受光面或色彩淡的部分。

(3)连续点:点与点之间按照一定的方向、均匀地连接成线即为连续点,主要用来显示物体的轮廓和各部分之间的边界线。

(4)自由点:即点与点之间的排列没有一定的格式和纹样,操作比较自由。这种点适宜表现明暗渐次转变成具有花纹、斑点的各种物体。

二、生物绘图一般程序

1.观察

绘图前,需对被画的对象(如动、植物的各个组织、器官以及外形等)作细心的观察,对其外部形态、内部构造和各部分的位置关系、比例、附属物等特征有完整的感性认识。同时要把正常的结构与偶然的、人为的"结构"区分开,并选择有代表性的典型部位起稿。

2.起稿

起稿就是构图、勾画轮廓。一般用软铅笔(HB)将所观察对象的整体及主要部分轻轻描绘在绘图纸上。此时要注意图形的放大倍数和在纸上的布局要合理,留出名称、图注等位置。起稿时落笔要轻,线条要简洁,尽可能少改不擦。画好后,要再与所观察的实物对照,检查是否有遗漏或错误。

3.定稿

对起稿的草图进行全面的检核和审定,经修正或补充后便可定稿,一般用硬铅笔(2H 或 3H)以清晰的笔画将草图描画出来。定稿后可用橡皮将草图轻轻擦去,然后将图的各个结构部位作简明图注。图解注字一般用楷书横写,并且注字最好在图的右侧或两侧排成竖行,上、下尽可能对齐。图题一般在图的下面中央,实验题目在绘图纸上部中央,在纸右上角注明姓名、学号、日期等。

附录三　载玻片和盖玻片的使用

一、载玻片的规格及厚度

载玻片一般标准大小为 76 mm×26 mm,通常的厚度在 2 mm 以内,供在一般光镜下使用。但在用相差显微镜和暗视野显微镜镜检时,对载玻片的厚度就要求很严格。如作相差显微镜镜检时,通常要求载玻片的厚度在 1 mm 左右。在暗视野照明时,要使用暗视野集光器,对所用载玻片的厚度通常标在集光器上,一般在 1.0～1.2 mm。

另有一种特殊的载玻片称为凹玻片,在载玻片的中央,有一圆形凹穴,可供滴加某种盐类溶液或是培养液后,再置生物体或细胞标本,从而可进行活体观察。但由于凹面的关系,光线的透射会发生歪曲,因而不适于相差法镜检。

二、盖玻片的规格和厚度

盖玻片的规格有多种,最小的一种规格是 18 mm×18 mm。另外还有 18 mm×24 mm、24 mm×24 mm、18 mm×32 mm、24 mm×32 mm 等规格。

盖玻片的厚度对用 50× 以下的低倍镜和高倍镜镜检时并不是一个大问题,但在使用 90× 以上的油镜时,就显得比较重要,所用的盖玻片过厚或过薄,都会影响显微镜的成像,有时甚至无法找到物像清晰的焦点,故一般选用厚度为0.17 mm 或 0.18 mm 的盖玻片,这样才能获得满意的镜检效果。

三、载玻片和盖玻片的清洁

新购的载玻片和盖玻片都要预先清洗才能使用。一般先将玻片投入到 1%～2% 的盐酸溶液中,浸泡一昼夜,再用流水冲洗干净,然后移入 70% 的酒精中浸泡备用。

浸泡时,不要将整盒玻片一齐投入,而应逐片投入,以使浸泡液完全浸润玻璃表面,如果玻片与玻片贴得太紧则浸泡液无法达到玻片的表面,达不到清洁的目的。

浸泡后的载玻片和盖玻片,先用清洁纱布擦干净,再放入干净的盒中供制片使用。

四、旧载玻片的使用

用过的载玻片经过清洁处理后可再次使用,一般用下面的方法处理旧载玻片:

(1)将用过的玻片或切片标本放入肥皂水中煮沸 5～10 min。

(2)在重铬酸钾洗液中浸泡 30 min。

(3)用自来水冲洗干净。

(4)在 95%酒精中浸泡 2 h,取出擦干便可使用。

附录四 玻璃器皿的洗涤及各种洗液的配制法

实验中所使用的玻璃器皿清洁与否,直接影响实验结果,往往由于玻璃器皿的不清洁或被污染而造成较大的实验误差。因此,玻璃器皿的洗涤清洁工作是非常重要的。

一、新购买玻璃器皿的清洗

新购买的玻璃器皿表面常附着有游离的碱性物质,可先用肥皂水或去污粉等洗刷,再用自来水洗净,然后浸泡在 1‰～2‰ 盐酸溶液中过夜(不少于 4 小时),再用自来水冲洗,最后用蒸馏水冲洗 2～3 次,在 80℃～100℃烘箱内烤干备用。

二、使用过的玻璃器皿的清洗

1. 一般玻璃器皿

如试管、烧杯、三角烧瓶、量筒等,先用自来水洗刷至无污物,再选用大小合适的毛刷蘸取去污粉等(或浸入去污粉溶液内)将器皿内外(特别是内壁)细心刷洗,用自来水冲洗干净后,蒸馏水冲洗 2～3 次,烤干或倒置在清洁处,干后备用。凡洗净的玻璃器皿,不应在器壁上带有水珠,否则表示尚未洗干净,应再按上述方法重新洗涤。若发现内壁有难以去掉的污迹,应分别试用各种洗涤剂予以清除,再重新冲洗。

2. 量器

如移液管、滴定管、容量瓶等。使用后应立即浸泡于凉水中,勿使物质干涸。工作完毕后用流水冲洗,以除去附着的试剂、蛋白质等物质,晾干后浸泡在铬酸洗液中 4～6 小时(或过夜),再用自来水充分冲洗,最后用蒸馏水冲洗 2～4 次,风干备用。

3. 其他器皿

具有传染性样品的容器,如病毒、传染病患者的血清等沾污过的容器,应先进行高压(或其他方法)消毒后再进行清洗。盛过各种有毒药品,特别是剧毒药品和放射性同位素等物质的容器,必须经过专门处理(略),确知没有残余毒物存在时方可进行清洗。

三、洗涤液的种类和配制方法

1. 重铬酸钾洗液

重铬酸钾洗液具有较强的氧化作用,是一种比较理想的洗液,对有机物、油污和无机物的去污能力特别强。重铬酸钾清洁液具有很强的酸性和氧化性,凡能溶于酸和被氧化的物质都可以用这种清洁液除去。但如果有 Hg^{2+}、Pb^{2+} 及 Ba^{2+} 存在时,会形成不溶的沉淀物附着在玻璃器皿壁上,难以除去,用稀盐酸、稀硝酸浸泡后可除去。该清洁液对高锰酸钾及氧化铁无清除能力。也不适宜铬的微量分析。

经多次使用后,重铬酸钾清洁液由红色变成绿色(硫酸铬)时说明效力减低,当清洁液完全变成黑绿色时,已完全失效不能继续使用。失效后的清洁液仍具有极强的腐蚀性,应集中处理。

重铬酸钾清洁液不适合浸泡培养细菌的玻璃器皿。因微量铬酸盐残迹可影响细菌生长。如进行某些生物细胞组织培养,用此清洁液浸泡之后必须用大量流水冲洗。

重铬酸钾洗液配方:①重铬酸钾 50 g,浓硫酸 500 mL,蒸馏水 50 mL。②重铬酸钾 100 g,浓硫酸 800 mL,蒸馏水 200 mL。

配此洗液时取较细的重铬酸钾放入大烧杯内用水溶解,必要时可加热助溶。然后在搅拌下缓缓加入浓硫酸,切勿迸溅,注意勿将重铬酸钾液倒入硫酸内。当混合液的温度升高到 70℃～80℃ 时可稍晾冷后再加,不可使温度过高,以免出危险。配好的清洁液呈红棕色。该溶液极易吸水,盛装清洁液的容器需加盖。

2. 硝酸洗液

温热的浓硝酸是一种氧化剂,可用以除去能被氧化的物质,特别是除去碳水化合物有特效,它也是玻璃和聚乙烯塑料最好的通用清洁剂之一。用 3%～20% 的硝酸溶液浸泡容器或物品 12～24 h,可除去某些金属污染如 Ph、Hg、Cu、Ag 等。

3. 硫酸硝酸洗液

玻璃器皿也可用浓硫酸-硝酸(1∶1)浸泡洗涤,并用高纯水冲洗,可除去金属和有机物。该洗液特别适用于超纯分析,其特点优于重铬酸钾洗液,因为硼硅玻璃器皿每平方米吸附 0.01 μg 的铬,用水冲洗除去非常困难,在超纯分析中少用重铬酸盐作为组分的洗液。

4. 盐酸-乙醇洗液

3% 的盐酸乙醇洗液可洗掉玻璃器皿上的染料附着物。

5. 盐酸洗液

在 2%～4% 的稀盐酸洗液中浸泡 2～4 h,可除去玻璃上的游离碱及大多数无机物残渣。急用时也可用浓盐酸浸荡数分钟。

6. 碱性洗液

碱性洗液主要用于清洗玻璃器皿和其他物品上的油污。这类洗液的作用较慢,主要采用浸泡和煮沸的方式去除油污污染。但煮沸的时间太长会腐蚀玻璃。常用的碱性洗液配方:①氢氧化钠乙醇洗液:氢氧化钠 120 g,蒸馏水 120 mL,氢氧化钠溶解后,用 95% 乙醇稀释至 1 000 mL,装入塑料瓶中备用,使用时也要随时盖好瓶盖。②碱性高锰酸钾洗液:高锰酸钾 4 g,加少量水溶解,用 10% 氢氧化钠加至 100 mL。

上述洗涤液可多次使用,但是使用前必须将待洗涤的玻璃仪器先用水冲洗多次,除去肥皂、去污粉或各种废液。若仪器上有凡士林或羊毛脂时,应先用软纸擦去,然后用乙醇或乙醚擦净后才能使用洗液,否则会使洗涤液迅速失效。例如,肥皂水,有机溶剂(乙醇、甲醛等)及少量油污皆会使重铬酸钾-硫酸洗液变绿,减低洗涤能力。

附录五 科技论文的结构

不同学科的科技论文其结构也不相同,这里介绍一种被众多学科所广泛采用的结构,这种结构是用来写实验研究论文的,其他的论文形式与之大体相同。

科技论文的结构主要包括以下几部分:

题目(Title)

作者姓名和工作单位（Authors and Author Affiliation）

摘要（Abstract）

关键词（Keywords）

前言（Introduction）

材料与方法（Materials and Methods）

结果（Results）

讨论（Discussion）

致谢（Acknowledgments）

参考文献（Reference）

一、题目(Title)

题目是以最恰当、最简明的语言反映科技论文中最重要的特定内容的逻辑组合。它是论文内容的高度概括,也是论文精髓的集中体现。要求用准确、精炼的文字反映论文最重要的学术信息,使读者一读到题目,就能清楚地了解到论文的主体和中心内容。论文的题目一般应在论文完成后再慎重考虑,具体要求如下:

(1)题目应当简明扼要,要求既能概括中心内容,又能引起读者注意。

(2)题目切忌过于空泛和繁琐,不可用标语口号式命题,也不可用经过艺术加工的文学语言或冗赘夸大的广告式语言命题。

(3)题目不宜太长。有人认为,英文题目应限定在 75 个字母之内,中文题目应限定在 20 个字之内,当然这也没有十分严格的规定。

(4)题目要有利于索引的分类。一般索引只转录题目中的关键词,如果题目不恰当,常把应当揭露的信息遗漏。

(5)论文题目一般是单句标题,如果内容较多,涉及面广,也可将题目分为主标题和副标题两部分。

二、著者姓名及工作单位(Authors and Author Affiliation)

作者在撰写的科技论文上署名,主要由三方面的作用:一是作为拥有著作权的声明;二是表示文责自负的承诺;三是便于读者同作者联系。科技论文一般只署真名不署笔名。个人成果应由个人署名,集体成果则应由承担研究工作的人们按照对研究的贡献大小先后署名,一般把贡献最多的作者放在最前面。但参加署名的人应当是参与选定研究课题和制定研究方案,直接参加全部或主要部分研究工作并作出主要贡献,以及参与论文撰写并能对内容负责的人员。那些对论文给予过帮助的人,如某一测试任务的承担者和接受委托进行分析检验和观察的辅助人员,可在致谢中写明,而不应在论文中署名。作者工作单位应写全称,工作单位地址包括所在城市和邮政编码。

三、摘要(Abstract)

摘要又称概要或内容提要,科技论文一般都要求附有摘要,作为对论文的简介,是论文的重要组成部分,目的是使读者尽快了解内容,以便决定是否精读全文。摘要一般很短,少则三五行,多则十几行,且多为一段。所以摘要力求简明扼要,一些人所共知的事实或不言而喻的道理,尽量删去。有关发展史、优缺点对比以及致谢等不要放在摘要中,可移至正文的引言或文章的最后部分。摘要是对现有文章的缩写,它本身不是创作。被摘录的可以是自己写的文章,也可以是别人写的文章。

摘要的内容包括以下几个方面:

(1)课题研究的背景、现状和尚存在的问题。

(2)课题研究的主要内容、目的和范围。

(3)课题研究的方法和手段。

(4)课题研究的主要成果。

(5)课题研究的结论和建议。

摘要中要避免一些生僻的缩写字。它要自成一段,能独立使用。它虽排在正文的前面,但实际上是全文写完之后写的。它形式上类似于学会或刊物编辑对文章的介绍,所以它都用第三人称。自称作者(The Authors)或本文(this paper or this article)、本研究(this research)等。

由于摘要大大短于原文,所以原文中的句子一般不能直接拿来应用,而要在不改变原意的基础上,用自己的话来表达。为使句子简洁,能用分词短语的就不要用从句,能用普通短词的就不要用较长的词。摘要一般是作者转述原文,所以宜采用第三人称。

如果有些杂志要求的摘要的字数较少,摘要的内容可只写研究的目的、方法和最重要的结果。

四、关键词(Keywords)

关键词是为满足文献的标引或检索的需要而从论文中选取的词或词组。关键词包括主题词和自由词两个部分,主题词是专门为文献的标引或检索而从自然语言的主要词汇中挑选出来并加以规范化了的词或词组,自由词则是未规范化的词或词组。关键词应尽量选用《汉语主题词表》或各学科权威机构制定的统一关键词中规定的词。每篇科技论文一般应列出 3~8 个关键词。关键词的书写格式各个杂志不尽相同。

五、前言(Introduction)

前言相当于论文的开头,又称引言、绪论或绪。前言的作用是向读者交代课题研究的来龙去脉,起引出正文的作用。前言应言简意赅,不要与摘要雷同,不要成为摘要的注释,不要过多评价本文的学术价值或重复人云亦云的客套话。一般教科书上已有的知识和众所周知的道理,在前言中不必赘述。

前言的篇幅短则几百字,长则数千言,一般原则是根据正文的长短而定,若论文通篇只有一两千字,那么五六百字的前言就显得过长。对于长达七八千字的论文而言,适当地增加前言的篇幅可以为读者提供充分的引导,使其对课题各方面的情况有更全面的了解。也有的前言内插几个小标题,将一篇较长的前言分为几个子篇,以保证其脉络的清晰。

前言主要包括以下内容:

(1)课题的研究背景和起点。

(2)同类课题过去的研究情况。

(3)阐述该问题尚需进一步研究的需要。

(4)本课题研究的目标(目的)。

(5)本课题研究的重要性及意义(可任选)。

六、材料和方法

(1)实验装置、设备和材料:通过这一部分介绍研究或实验中所使用的装置、设备、仪器和材料,应绘出研究使用的主要装置的简图,并说明所使用的设备、仪器和材料的规格、型号,生产单位及测试仪器的级别和精度。如是活体材料,应写出材料的来源地、规格等。

(2)实验方法,如果是采用前人已有的实验方法,只需指出该方法的名称和出处,勿需重述。而对自行设计的实验方法,必须逐条加以详述,尤其是独到之处,还需说明实验结果所能达到的准确度和精确度,以便他人能够重复验证。

七、结果(Results)

实验结果,是论文的核心之一,基本要求是表达清楚,前后连贯。实验结果是判断实验成败的依据,而实验结果主要是以数据来表示,因此数据必须准确可靠,其他还可用图、表、照片等来表示,用以增强直观和对比效果。还应强调,在处理实验数据时,必须采取科学的态度,不得伪造数据和随意取舍,如果有不符合结论的数据,不应回避,应作适当的说明。

八、讨论(Discussion/Conclusion section)

讨论这部分是将实验结果加以逻辑推理后得出的必然结果。因此,讨论不是研究结果,而是反映作者通过实验结果→概念→判断→推理得出的最后见解。既要能反映事物的内在联系,又要鲜明准确,简短有力。讨论应做到措词严谨,逻辑严密,使用的语言文字准确、鲜明,不可模棱两可,含糊其辞。对暂时不能解释的现象和实验结果,应在讨论中写出,留待后人解决。讨论部分还应包括论文著者的建议,例如:实验装置的改进、测试手段的方法的选择以及对今后整个研究工作的设想等。

讨论部分始终是实验型论文最难写的部分,论文水平和学术价值的高低很大程度上是由这一部分体现出来。

九、致谢(Acknowledgments)

致谢部分主要是感谢那些虽然没有参加论文写作,但在论文写作过程中,给予某种形式的帮助、支持、建议与鼓励的个人或团体。例如:参加过某项工作,提过某项有意义的建议,承担过某项测试,提供过某种设备、仪器、材料,指导过论文撰写以及绘制插图等都应表示感谢。

在英语论文中,"致谢(Acknowledgments)"一般放在正文中,即"讨论"之后,"参考文献"之前。但有的学科对"致谢"的位置有不同的要求,有的论文也将其放在正文第一页作为"脚注",或者在文末"尾注"中作为最后一个条目。也有的放在参考文献之后,以附注的形式说明。

十、参考文献

科学研究工作总是在前人的基础上发展的,因此,在正文中引用他人的数据、公式或见解时,应注明来源。这样做的目的,首先是为了向原作者表达引用者的谢意;其次是向读者表明论文作者的研究广度和深度,并以此来加强论文的可靠性和权威性;三是能让那些对所引用文献资料感兴趣的读者顺利查找到引证出处。此外,恰当地引证参考文献还可以使论文作者避免"剽窃"之嫌,证明论文作者的学者风范。

　　在一些学术著作或刊物中可以发现,英文论文在其编辑格式以及参考资料的引证方式上往往不尽相同。不同的学科、不同的专业、不同的学术刊物都有关于论文编排格式以及引证方式上的传统习惯和规则。例如,在教育学、心理学等行为科学的论著中,常以美国心理学学会(APA)1983 年出版的 The Publication Manual of the American Psychological Association (3rd ed.) 所规定的引证体系为标准;在人文科学领域则常依据 MLA System of Parenthetical Notation,即美国现代语言学会于 1988 年出版的 Modern Language Association's 1988 Format 规则格式编排;在自然科学领域如数学、化学、工程技术、生物学等学术论文中,引证注释格式主要有"作者/年代引证注释"和"数字编号引证注释"两种。我国也推行了一套《科技文献参考著录规范》。

　　一般来说,学术刊物在"征稿简则"中都会对论文作者提出比较详细的格式要求。论文作者在准备论文时要严格按照这些要求编排自己的论文,尤其是在参考资料的引证注释方面,应该自始至终遵循刊物所规范的格式要求。

参考文献

[1]陈明耀,等.生物饵料培养[M].北京:中国农业出版社,1995
[2]成永旭,等.生物饵料培养学[M].北京:中国农业出版社,2005
[3]董树刚,等.植物生理学实验技术[M].青岛:中国海洋大学出版社,2006
[4]郭玉洁,等.中国海藻志(硅藻门)[M].北京:科学出版社,2003
[5]梁象秋,等.水生生物学(形态和分类)[M].北京:中国农业出版社,1996
[6]梁英,等.海水生物饵料培养技术[M].青岛:青岛海洋大学出版社,1998
[7]钱树本,等.海藻学[M].青岛:中国海洋大学出版社,2005
[8]王爱勤,等.动物学实验[M].南京:东南大学出版社,2002
[9]王英典,等.植物生物学实验指导[M].北京:高等教育出版社,2001
[10]杨世民,等.中国海域常见浮游硅藻图谱[M].青岛:中国海洋大学出版社,
    2006
[11]赵文,等.水生生物学(水产饵料生物学)实验[M].北京:中国农业出版社,
    2005
[12]赵文,等.水生生物学[M].北京:中国农业出版社,2005
[13]郑重,等.海洋浮游生物学[M].北京:海洋出版社,1984
[14]朱丽岩,等.海洋生物学实验[M].青岛:中国海洋大学出版社,2007
[15]Robert A. Andersen, Algal Culturing Techniques[M]. Academic Press,
    2005
[16]胡鸿钧,等.中国淡水藻类[M].上海:上海科学技术出版社,1980
[17]束蕴芳,等.中国海洋浮游生物图谱[M].北京:海洋出版社,1993
[18]金德祥,等.中国海洋浮游硅藻类[M].上海:上海科学技术出版社,1965